CLAUDIA PAULIKS

HUNDEERZIEHUNG

LEICHT GEMACHT

Werde ein Superheld für deinen Hund!

Hundetraining in den Alltag einbauen

KOSMOS

INHALT

Kasper ist mein Gefährte.

Wer ist Claudia Pauliks?

Eine Hundemama, eine Hundetrainerin, eine Dozentin, eine Therapie- und Schulbegleithundeausbilderin, eine Unternehmerin, eine Partnerin, eine Mutter, eine Freundin.

„Kannst du bitte mit Susi Gassi gehen?" Das war die tägliche Bitte meiner Mutter, und was soll ich euch sagen? Ich hatte so gar keine Lust. Susi war eine dicke, störrische, verwöhnte kleine Pudel-Cockerspaniel-Hündin. Susi hatte genauso wenig Lust, mit mir rauszugehen, wie ich mit ihr.
Ich (Claudia) war ca. 10 Jahre alt und konnte diesen Hund absolut nicht ausstehen. Susi war in meinen Augen einfach nur langweilig, verfressen und garstig. Was ich damals natürlich noch nicht wusste, ist, dass ich mit nur wenigen Veränderungen meinerseits eine komplett andere Susi hätte haben können.
Wir beide haben uns irgendwie arrangiert, wir fanden einen Kompromiss, und schließlich fand ich die Gesellschaft von ihr dann doch angenehm (vielleicht, weil ich damals schon auf mein Bauchgefühl gehört habe?!).
Die Jahre vergingen, ich hatte irgendwann meinen eigenen Haushalt, und der Wunsch nach einem eigenen Hund wurde immer größer. Ich war damals jung und naiv. Blauäugig, wie ich war, habe ich die Zeitungsanzeigen durchgeschaut. Ja, ich meine hiermit eine echte Zeitung aus Papier, denn damals hat man eher in die Zeitung geschaut als ins Internet. Und da war sie, eine Anzeige mit Welpen aus dem Nachbardorf. Los ging es, wir sind hingefahren und haben uns die Welpen angeschaut – und jetzt wisst ihr auch, was ich mit blauäugig meine. Wir haben unsere Cassie damals gleich mitgenommen. Du liest richtig, gleich beim ersten Treffen. Cassie war eine Mischlingshündin. Ihre Mutter war ein Hirtenhund und ihr Vater ein Malinois. Diese beiden Rassen sind einzeln schon eine Herausforderung. Es kommt aber auch noch dicker, denn von einer guten Aufzucht war hier absolut nicht die Rede. Die Welpen hatten bis dato nur ihren Garten kennengelernt. Sie waren weder im Haus noch haben sie andere Reize oder die Außenwelt kennengelernt. Na super, denkt ihr, das hört sich ja klasse an. Ganz ehrlich, ich dachte, das hört sich gut an, ich dachte, „Ohhh, wie toll, die Welpen hatten es aber gut." Leider ist es nicht so günstig, wenn Welpen in der sozialsensiblen Phase nichts kennenlernen. Besonders, wenn es dann auch noch Rassen sind, die sehr reizempfindlich sind. Es zeigte sich auch sehr schnell, dass Cassie leider eine sehr nervöse, unruhige und nicht gerade wesensfeste Hündin war. Sie war sehr schnell von der Umwelt überreizt.

LERNEN AUS FEHLERN

Das sage ich jetzt mit meinem Wissen, damals habe ich das natürlich nicht gesehen. Wir waren eine junge Familie, meine Kinder noch klein und ich war Tagesmutter.
Ich fasse mich kurz: Es wurde zu einem Drama. Wenn ich davon rede, dass ich als Hundetrainerin ganz genau weiß, was ihr durchmacht, dann meine ich es auch so. Denn ich habe mit Cassie alles falsch gemacht, was man falsch machen konnte.
Wir besuchten mit Cassie eine sehr schlecht geführte Welpenstunde. Dort habe ich ihr weder die Sicherheit gegeben, noch den Rahmen, in dem sie sich entfalten konnte. Ich habe sie mit einer ständigen Reizüberflutung komplett überfordert. Alleine bleiben üben, auf die Idee bin ich gar nicht gekommen.
Wir haben Cassie ziemlich schnell alleine gelassen, was sie leider nicht sehr gut verkraftet hat. Sie empfand in unserer Abwesenheit sehr großen Stress und machte aufgrund dessen nicht nur unsere Möbel, sondern auch die Wände kaputt. Beim Nach-Hause-Kommen war ich des Öfteren sehr wütend. Mir wurden viele Tipps gegeben, die ich in meiner Naivität leider auch umgesetzt habe. Ich sagte doch, ich habe alles falsch gemacht. Das war einer dieser größten Fehler. Ich habe Cassie bestraft, wenn ich nach Hause gekommen bin. Cassie an eine Box zu gewöhnen, in der sie sich wohlfühlen würde, wo sie sicher gewesen wäre, das war für mich tierschutzwidrig.
Wir waren eine sehr sportliche Familie und haben viel Zeit auf dem Fußballplatz verbracht. Cassie war von Anfang an dabei. Leider habe ich nicht auf Cassie geachtet, sondern war mit Feuer und Flamme beim Fußballspiel dabei. Dabei habe ich meine hektische Energie auf Cassie übertragen. Cassie wurde immer unruhiger und hat dieses unter anderem durch Bellen kundgetan. Anstatt das zu machen, was ich euch in diesem Buch raten werde, wurde ich böse und habe sie damit noch mehr verunsichert. Außerdem habe ich durch sinnloses Ballwerfen Cassies Jagdtrieb, der eh schon recht ausgeprägt war, verstärkt. Bei Hundebegegnungen wurde Cassie immer aufgeregter, und auch hier habe ich sie nicht beschützt und auch nicht gelenkt.
Leider wurde sie durch mein Fehlverhalten zu einem Hund, der für meine Kinder und auch für meine Tageskinder zu gefährlich wurde. Wir waren für Cassie nicht die richtige Familie. Daher entschieden mein Partner und

Cassie liebte es, dabei zu sein.

Wenn ich damals gewusst hätte, dass sie das nicht mochte!

»Der schlimmste aller Fehler ist, sich keines solchen bewusst zu sein.«

Thomas Carlyle

ich uns, für Cassie eine neue Familie zu suchen. Diese haben wir dann auch gefunden. Cassie blieb bis zu ihrem Tode ein sehr schwieriger Hund, hatte aber dennoch ein glückliches Leben als Einzelhund bei einer alleinstehenden Frau.

Warum schreibe ich diese Zeilen als Anfang meines Buches? Weil dieses Erlebnis mich dazu gebracht hat, dass ich mehr über Hunde wissen wollte. Denn ich wollte ja nicht ohne Hund sein. Wir konnten nur nicht die Familie für Cassie sein, die sie brauchte. Also habe ich beschlossen, dass mir das nie wieder passiert. Von nun an wollte ich alles richtig machen. Nach einiger Zeit zog unsere Hündin Summer ein. Sie war ein Schäferhund-Collie-Mix. Und ich hielt mein eigenes Versprechen. Von da an war ich in vielen verschiedenen Hundeschulen, auf sehr vielen Seminaren und habe mich rund um das Thema „Hund“ weitergebildet, bis ich schließlich den Entschluss gefasst habe,
mich als zertifizierte Hundetrainerin selbstständig zu machen. Aus der anfänglich unsicheren und unwissenden Frau wurde eine Therapiehundeführerin, eine zertifizierte Hundetrainerin, eine Dozentin und Ausbilderin von Therapie- und Schulbegleithunden.
Ich möchte dir hier meine Erfahrung nicht nur als Hundetrainerin, sondern auch als Hundehalterin weitergeben.
Denn in diesem Buch zeige ich dir **Hundeerziehung leicht gemacht.**

AUF AUGENHÖHE MIT DEM HUND

– wir sind gemeinsam stark.

Nimm es auch mal mit Humor. Dein Hund ist keine Maschine!

Mein Erziehungsstil: Liebevoll konsequent

Mein Erziehungsstil ist liebevoll, klar und ganz normal. So, wie das Leben mit Hund **wirklich** abläuft, nicht wie aus dem Lehrbuch. Ich gebe meinen Hunden auch mal klare Ansagen, aber niemals unnötig, hart oder unfair.

Miteinander Spaß haben ist so viel mehr wert als sturer Grundgehorsam.

Mir ist wichtig, dass die Hunde wissen, woran sie sind, ohne dass dabei der Spaß oder das Vertrauen verloren gehen. Mein Weg liegt irgendwo zwischen: viel Zuneigung, Verständnis und auch mal ordentlich Spaß haben, aber genauso klar gesteckten Grenzen. Ich spreche mit meinen Hunden, als ob sie mich verstehen würden. Meistens tun sie das auch! Ich sage ehrlich alles, von „Nein, das machen wir nicht" über „Komm weiter" bis zu „Da wird jetzt nicht geschnüffelt." Und ja, bei uns gibt es auch ein ganz normales „Bitte" und „Danke", denn das macht unsere Kommunikation nur echter und unsere Beziehung stabiler. So entsteht bei uns im Alltag wirkliche Aufmerksamkeit und echtes Teamgefühl.

Für mich bedeutet Hundeerziehung, klar und konsequent zu bleiben, dabei aber auch mal fünfe gerade sein zu lassen. Zu einem guten Leben mit Hund gehört schließlich auch Menschlichkeit. Fehler passieren, manchmal läuft etwas schief und manchmal darf es auch ganz entspannt und unperfekt zugehen. Mein Lieblingssatz dazu lautet: Sei liebevoll konsequent. Genau aus dieser Haltung ist **Hundeerziehung leicht gemacht** entstanden. Ich möchte dich einladen, mit Herz, mit Ruhe und echtem Leben an die Sache heranzugehen, statt einfach nach Schema F zu arbeiten. Und das vielleicht wichtigste Geheimnis bei meinem Erziehungsstil: Meine Hunde wissen in jeder Situation, dass sie sich auf mich verlassen können. Ich beschütze sie und stehe immer für sie ein. Gleichzeitig gibt es bei uns ganz klare Regeln und feste Grenzen; jeder weiß, woran er ist. Genau das ist das Schöne: Gerade weil die Regeln verlässlich sind, genießen meine Hunde ungeheuer viel Freiheit. Echte Sicherheit entsteht da, wo Verlässlichkeit, Klarheit und gegenseitiges Vertrauen selbstverständlich sind. Mit dieser Basis wird unser gemeinsames Leben ganz leicht. **Ich bin die Superheldin für meine Hunde!**

Zurück zum WIR

Wir haben die Verbindung zu unseren Hunden verloren. Wir erwarten Perfektion, immer neue Sportarten, ständig neue Beschäftigungsideen und immer mehr Leistung.

Unsere Hunde sollen einfach mitmachen in unserer hektischen Menschenwelt, sich anpassen und funktionieren, ohne dabei „auffällig“ zu werden. Es gibt mittlerweile unzählige Trainingsmethoden. Versteht mich an dieser Stelle bitte nicht falsch, es gibt wirklich hervorragende Expertinnen und Experten. Das ist großartig, denn so lernen wir immer mehr über unsere Hunde und das Miteinander. Gleichzeitig ist das Internet aber auch prall gefüllt mit Tipps, Trends und neuen Challenges. Überall werden Hunde auf Social Media wie kleine Stars präsentiert. Und ehe man sich versieht, steckt man mitten drin im stillen Vergleich, wer eigentlich den besten Hund hat.
Mit diesem Buch will ich einen anderen Weg gehen. Ich schreibe für Menschen, die ihren Hund als echten Partner an ihrer Seite sehen möchten. Für alle, die gemeinsam als Team durchs Leben gehen wollen, als Freunde, Familie und gegenseitige Verbündete. Es geht mir nicht darum, den Hund einfach machen zu lassen, was er will, getreu dem Motto: „Du darfst alles, was du möchtest.“ Das klappt im Alltag nicht besonders gut. Wir leben in der Menschenwelt und müssen ein Stück weit Rücksicht nehmen, für Orientierung sorgen und auch Regeln und Grenzen setzen. Nur so kann echtes, harmonisches Zusammenleben entstehen, mit Freiheiten auf beiden Seiten.
Für mich bedeutet Hundeerziehung leicht gemacht, dass dein Hund jede Freiheit bekommt, die in unserer Welt möglich ist, aber eben immer verbunden mit klaren Regeln. Es geht um ein Zusammenleben mit Klarheit, an dem beide Freude haben, weil jeder weiß, woran er ist. So können Vertrauen, Sicherheit und echte Verbindung überhaupt erst wachsen.

Wir gehen in die gleiche Richtung – sei der Wegweiser für deinen Hund!

Den Hund mit dem belohnen, was er mag. Nala liebt diese Tasche.

Diese Regeln basieren nicht darauf, dass dein Hund ein perfektes Sitz, ein makelloses Platz oder tolles Fußlaufen vorzeigen kann. Viel wichtiger sind für mich echte Werte wie Verständnis, Vertrauen und Sicherheit. Dazu gehören für mich auch liebevolle Konsequenz und Zuverlässigkeit, denn das ist im Alltag mit Hund wirklich Gold wert.
Natürlich bekommst du in diesem Buch ganz praktische Tipps für Rückruf, Leinenführigkeit, Sitz und Platz. Das gehört einfach dazu, damit dein Hund sich bei uns Menschen wohlfühlen kann und wirklich ein Teil deines Alltags wird. Doch im Mittelpunkt steht für mich immer die Beziehung zwischen Mensch und Hund.
Ich schreibe für Menschen, die mit ihrem Hund im Hier und Jetzt leben möchten und die Verbindung suchen oder wieder neu aufbauen wollen. Für alle, die erleben wollen, dass ihr Hund sie im Alltag begleitet, weil er das wirklich möchte und nicht nur, weil eine Leine ihn davon abhält, wegzugehen. Vielleicht findest du dich auf einigen Seiten wieder. Und wenn es mir gelingt, dass nur ein Mensch einmal innehält, durchatmet und die echte Verbindung zu seinem Hund spürt oder vielleicht sogar wieder neu entdeckt, dann hat es sich schon gelohnt, dieses Buch zu schreiben.

THE

DIE STÄRKEN DEINES HUNDES ERKENNEN

Teufelchen ist neugierig und ein sehr lustiger Hund.

Die positiven Seiten deines Hundes entdecken

Dieses Buch lädt dich dazu ein, aktiv mitzumachen. Es begleitet dich Schritt für Schritt auf eurem Weg zu einer entspannten und vertrauensvollen Beziehung zwischen dir und deinem Hund.

Viele Hundebesitzer glauben, dass Sitz, Platz und Bleib die absolut wichtigsten Signale sind. Klar, sie sind praktisch, aber in diesem Buch wirst du entdecken, worauf es im Alltag mit Hund wirklich ankommt. Die wichtigsten Dinge passieren oft ganz nebenbei. Du wirst überrascht sein, wie viele Signale dein Hund fast automatisch zeigt, wenn du selbst deine Denkweise und deine Herangehensweise veränderst.

Und weil reine Theorie noch keinen Alltag verändert, geht es jetzt direkt los mit einer ersten kleinen Aufgabe. Nutze die Chance, gleich am Anfang aktiv zu werden und gemeinsam mit deinem Hund lebendig in dieses Buch zu starten.

Durch kleine Aufgaben wird das Miteinander gestärkt.

Mach mit – deine erste Aufgabe

Nimm dir einen Moment Zeit, um dich in Ruhe hinzusetzen. Vielleicht mit einem Getränk oder einer kleinen Leckerei: mach es dir gemütlich. Hol dir ein Notizbuch und einen Stift.

WAS KANN DEIN HUND TOLLES?

Überlege dir ganz bewusst, welche positiven Eigenschaften und Fähigkeiten dein Hund bereits mitbringt. Oft konzentrieren wir uns auf Herausforderungen und vergessen dabei die vielen wunderbaren Seiten unseres vierbeinigen Freundes. Notiere alles, was dir einfällt:

– Zuverlässig in bestimmten Situationen: Reagiert dein Hund zuverlässig auf deinen Ruf? Beherrscht er Grundsignale wie „Sitz" und „Platz"?

– Soziale Kompetenzen: Ist er freundlich zu anderen Hunden und Menschen? Zeigt er besondere Zuneigung innerhalb der Familie?

– Besondere Talente: Kann er Tricks, liebt er es zu apportieren oder hat er eine ausgeprägte Spürnase?

– Charaktereigenschaften: Ist er geduldig, mutig, verspielt oder besonders verschmust?

Diese Übung hilft dir, den Blick auf die positiven Seiten zu lenken und die Stärken deines Hundes zu erkennen. Du wirst überrascht sein, wie viele tolle Eigenschaften zusammenkommen!

Deine Ziele und dein Engagement

Nachdem du dir die Stärken deines Hundes bewusst gemacht hast, ist es an der Zeit, über eure gemeinsamen Ziele nachzudenken. Viel Freude bei dieser ersten Aufgabe und auf der spannenden Reise, die vor euch liegt!

Was wünschst du dir für die Zukunft mit deinem Hund?

– Möchtest du bestimmte Verhaltensweisen verbessern?

– Neue Tricks oder Signale erlernen?

– Die Bindung und das Vertrauen zwischen euch stärken?

Was bist du bereit, dafür zu tun?

– Wie viel Zeit möchtest du in das Training investieren?

– Bist du bereit, regelmäßig zu üben und vielleicht auch selbst dazuzulernen?

– Welche Ressourcen (z. B. weitere Bücher, Trainingsutensilien, Unterstützung von Experten) möchtest du nutzen?

Wichtig

Denke immer daran: Hundeerziehung ist ein Prozess, der Geduld, Verständnis und Engagement erfordert. Die Belohnung ist eine tiefe Verbundenheit und ein harmonisches Zusammenleben mit deinem treuen Begleiter.

Nimm dir die Zeit und schreibe deine Ziele auf.

Notiere auch diese Gedanken zu deinen Zielen und Wünschen. Sei ehrlich zu dir selbst und realistisch in deinen Erwartungen. Es ist wichtig, dass die Ziele erreichbar sind und dass du dir klar darüber bist, welchen Beitrag du selbst leisten möchtest und kannst.

Reflexion und kontinuierliche Entwicklung

Bewahre deine Notizen gut auf. Sie sind ein wertvolles Instrument, um deinen Fortschritt zu verfolgen. In einigen Monaten oder Jahren kannst du zurückblicken und prüfen, ob sich deine Wünsche erfüllt haben und ob du deine Pläne umgesetzt hast. Regelmäßige Reflexion ist der Schlüssel zur erfolgreichen Hundeerziehung:

– Notiere regelmäßig, was gut läuft und wo es Herausforderungen gibt.
– Überprüfe deine Ziele und passe sie bei Bedarf an.
– Freue dich über kleine Fortschritte und sei geduldig mit dir und deinem Hund.

Alles, was du aufschreibst, wird greifbarer und verbindlicher. Es hilft dir, den roten Faden nicht zu verlieren und motiviert zu bleiben.

Zeit für dich und deinen Hund

Versuche, dir mindestens einmal pro Monat bewusst Zeit für diese Reflexion und Planung zu nehmen. Schon 15 Minuten können so viel bewirken. Während dieser Zeit:

– Schalte alle Ablenkungen aus. Konzentriere dich ganz auf dich und deinen Hund.
– Gehe deine Notizen durch. Was hat sich seit dem letzten Mal verändert? Gibt es neue Erkenntnisse oder Erlebnisse?
– Plane die nächsten Schritte. Welche Übungen möchtet ihr angehen? Gibt es besondere Situationen, auf die du dich vorbereiten möchtest?

Indem du regelmäßig innehältst und dir diese Zeit nimmst, förderst du nicht nur die Entwicklung deines Hundes, sondern auch eure gemeinsame Beziehung.

DIE RICHTIGE BELOHNUNG

NALA HAT VOLLSTES VERTRAUEN IN MICH.

Es muss nicht immer Sitz und
Platz sein – probiert mal neue Sachen aus!

Ein Hund macht nur etwas, wenn es sich für ihn lohnt

Das ist eine mächtige Überschrift, oder? Aber was genau meine ich damit? Um das zu veranschaulichen, möchte ich euch ein menschliches Beispiel geben.

»Wenn du herausfindest, was deinem Hund wirklich Freude macht, wird das Lernen für euch beide zum schönsten Abenteuer.«

Wir stellen uns zwei Szenarien vor: Zwei Kinder sollen etwas völlig Neues lernen: Das Jonglieren mit drei Bällen.

1. Szenario: Ina erhält von ihrer Mutter das Versprechen, zehn Euro zu bekommen, wenn sie das Jonglieren übt. Sie bemüht sich ein paar Minuten, versucht die Bälle irgendwie in der Luft zu halten, aber eigentlich macht es ihr wenig Freude. Sie denkt eher an das Geld als an das Jonglieren selbst und gibt schnell wieder auf, sobald es schwierig wird. Am Ende hat sie es irgendwie gemacht, aber wirklich hängen geblieben ist nichts. Sie merkt: Es ging ihr nur um die Belohnung.

2. Szenario: Nala dagegen probiert das Jonglieren zusammen mit ihrer Mutter aus. Die beiden lachen über die ersten schiefgegangenen Würfe, werfen sich gegenseitig die Bälle zu und freuen sich über die kleinsten Fortschritte. Nach ein paar Versuchen klappt es schon ein kleines bisschen besser. Stolz zeigen sie dem Vater ihr neues Kunststück, er jubelt und freut sich riesig, lobt die beiden und staunt, wie gut das schon aussieht. Nala spürt, wie schön es ist, gemeinsam etwas Neues zu lernen und dass echtes Lob und gemeinsamer Spaß sie immer wieder motivieren dranzubleiben.

Was meinst du, welches Kind wird sich beim nächsten Mal voller Vorfreude und Motivation auf eine neue Aufgabe stürzen?

Genau das möchte ich dir mit dieser Geschichte zeigen: Im Hundetraining zählt nicht nur der Keks als Belohnung. Es geht um Gemeinschaft, Lob, Sicherheit, Vertrauen, und eine Extra-Portion Spaß beim gemeinsamen Lernen. All das wiegt oft mehr als jeder Keks.

DIE BELOHNUNG

Für jeden Hund ist das etwas anderes.

Es ist nie nur der Keks

In diesem Kapitel werden wir gemeinsam herausfinden, welche Belohnungen für deinen Hund am attraktivsten sind und wie du sie gezielt im Training einsetzen kannst. Denn nicht jede Belohnung hat für jeden Hund denselben Wert. Manche Hunde sind begeistert von Futter, andere lieben Spielzeug oder bestimmte Aktivitäten.

»Ein Hund macht nur etwas, wenn es sich für ihn lohnt, sonst macht er es nicht. Was auch immer für ihn eine Belohnung ist, du musst sie nur finden.«

Im Laufe meiner Arbeit mit Hunden und ihren Menschen habe ich eine wichtige Beobachtung gemacht: Es ist selten der Keks allein, der einen Hund dazu animiert, sich an einer Person zu orientieren und ihr zu folgen. Ich selbst gebe meinen Kundenhunden in den seltensten Fällen Kekse und trotzdem zeigen sie oft eine starke Kooperationsbereitschaft und folgen mir gerne.
Warum ist das so? Weil Hunde hochsoziale Wesen sind und ihre Bedürfnisse weit über die reine Nahrungsaufnahme hinausgehen. Im weiteren Verlauf dieses Buches werden wir uns intensiv mit dem Thema „Führen und Folgen“ beschäftigen. Doch bevor wir dazu kommen, ist es wichtig, die Grundlagen der richtigen Belohnung zu verstehen.

Du kannst ein bestimmtes Verhalten mit der richtigen Belohnung, wie zum Beispiel einem Keks, festigen und unterstützen. Doch es ist nie der Keks allein. Wichtig ist, dass du dir klarmachst, was genau für deinen Hund eine Belohnung ist. Das kann Futter sein, aber auch Lob, ein Spiel, eine Streicheleinheit oder deine Aufmerksamkeit. Futter sollte immer als Verstärker dienen, nie als Lockmittel. Du möchtest, dass dein Hund sich an dir orientiert und nicht an dir als bloßem Futterspender. Der Fokus sollte immer auf der Beziehung und der Interaktion zwischen euch liegen. Die Belohnung dient dann als i-Tüpfelchen, um das gewünschte Verhalten zu festigen und die Motivation deines Hundes aufrechtzuerhalten.

DIE INDIVIDUELLE BELOHNUNGSLISTE

Jetzt wird es wieder aktiv für dich. Starte doch direkt mit einer kleinen Aufgabe: Lege dir eine Liste aller Belohnungen an, die du bisher für deinen Hund genutzt hast oder die dir spontan einfallen. Sei dabei ruhig ganz konkret und vermeide allgemeine Begriffe wie „Leckerli". Welche Sorte, welchen Geschmack, welches besondere Kauspielzeug, welches Spiel? Schreibe zum Beispiel auf:

– trockene Kekse, Käse, Fleischwurst, Thunfisch, Karotten, Gurken oder auch besondere Leckerbissen wie Katzenfutter.
– Überlege auch, welche Spielzeuge oder Aktivitäten dein Hund besonders mag, etwa Zerrspiele, Apportieren, über Baumstämme springen oder gemeinsam rennen.

Es ist wichtig, diese Liste so detailliert wie möglich zu gestalten, denn sie bildet die Grundlage für die nächsten Schritte. Vielleicht stellst du fest, dass du bisher vor allem Futterbelohnungen eingesetzt hast, während dein Hund möglicherweise stärker auf ein gemeinsames Spiel oder auf bestimmte Interaktionen reagiert. Ich kann z. B. unglaublich hoch quietschen vor Freude, das gefällt den meisten Hunden sehr gut.

DIE WERTIGKEIT DER BELOHNUNGEN ERMITTELN

Um herauszufinden, welche Belohnungen dein Hund bevorzugt, kannst du einfache Tests durchführen. Nimm dazu zwei unterschiedliche Leckerbissen, zum Beispiel ein Stück Karotte in die eine Hand und ein Stück Fleischwurst in die andere. Zeige deinem Hund beide Hände gleichzeitig und beobachte, auf welche er stärker reagiert. Bewege die Hände leicht voneinander weg und achte darauf, welcher Hand dein Hund folgt und wo er länger verweilt. Wiederhole diesen Test mit verschiedenen Kombinationen von Belohnungen. So

kannst du eine Rangfolge erstellen, welche Leckerbissen dein Hund bevorzugt. Vielleicht mag er Käse lieber als Wurst oder Thunfisch lieber als trockene Kekse. Auch bei Spielzeugen oder Aktivitäten kannst du ähnliche Tests durchführen. Probiere verschiedene Sachen aus: Biete ihm zum Beispiel ein Zerrspiel und ein Apportierspiel an und beobachte, worauf er mehr Lust hat.
Es kann sein, dass manche Hunde, wie etwa Labradore, kaum Unterschiede machen und sich über alles freuen. Dennoch lohnt es sich, genau hinzuschauen. Selbst kleine Präferenzen können im Training den Unterschied machen.

Hast du einen kleinen Parcours-Künstler? Dann kann der Tunnel mehr Belohnung als die Fleischwurst sein.

WAS GIBT ES DENN FÜR MÖGLICHKEITEN, DEN HUND ZU BELOHNEN?

1 Eierpappe

Die hat doch fast jeder Mensch zu Hause. Du nimmst eine Eierpackung, füllt sie mit den Lieblingskeksen deines Hundes und gibst sie dem Hund als Belohnung. Viele Hunde haben wahnsinnig viel Spaß, sich den Keks aus der Eierpackung zu fischen. Und ein toller Nebeneffekt, der Hund muss seine Gehirnzellen benutzen, d.h. es eine zusätzliche kognitive Auslastung.

2 Miteinander rennen

Hast du das schon mal ausprobiert? Für viele Hunde gibt es kaum etwas Schöneres, als wenn du einfach mal spontan mit ihnen gemeinsam losläufst. Gerade bei Signalen, die ein bisschen mehr Bewegung enthalten, wie zum Beispiel beim Rückruf oder wenn dein Hund sich von einem anderen Hund abwendet, kann gemeinsames Rennen eine viel größere Belohnung sein als jeder noch so leckere Keks. Ganz ehrlich, manchmal bringt das flotte Hin und Her mit dir mehr Freude als jede Leckerei. Probier es ruhig mal aus und zeige deinem Hund: Gemeinsame Action macht einfach am meisten Spaß.

3 Kekse-Fangen

Es macht für viele Hunde einen Unterschied, ob der Keks einfach nur so gegeben wird oder ob er ihn fangen beziehungsweise sogar jagen darf. Ich unterscheide dabei ganz bewusst, wann ich diese Art von Belohnung einsetze. Besonders gerne nutze ich sie, wenn mein Hund bereits in Bewegung ist, zum Beispiel beim Rückruf. So biete ich einen zusätzlichen Anreiz, dass mein Hund beim Ruf noch einmal richtig Gas gibt und schnell zu mir kommt. Bei mir ist das Kekse fangen sogar auf ein eigenes Markerwort konditioniert. Wie du das aufbaust und wie du verschiedene Markerworte nutzen kannst, dazu findest du später im Kapitel Markersignal noch ausführliche Tipps.

4 Wasserschüssel als Belohnung?

Zugegeben, das ist für die meisten Hunde keine typische Belohnung. Aber es gibt tatsächlich Vierbeiner, die es großartig finden, sich einen Keks aus dem Wasser zu angeln oder sogar ihr Lieblingsspielzeug herauszufischen. Probier es doch einfach mal aus. Manchmal überraschen uns unsere Hunde und machen aus einer scheinbar unspektakulären Idee einen ganz besonderen Trainingsmoment. Wer weiß, vielleicht wird die Wasserschüssel für deinen Hund zum neuen Highlight.

5 Zergeln

Zergeln ist für viele Hunde das Größte. Für ein gemeinsames Zergelspiel lassen manche Hunde sogar den leckersten Keks liegen. Viele Vierbeiner können vom Tauziehen oder Ringen mit ihrem Lieblingsmenschen gar nicht genug bekommen. Kleiner Tipp am Rande: Lass deinen Hund ab und zu mal gewinnen. Das stärkt das Selbstbewusstsein und macht das Spiel für euch beide noch schöner.

Die Belohnungen im Training gezielt einsetzen

Plane im Vorfeld, welche Belohnungen du für welche Übungen einsetzen möchtest. Dabei hilft es, die Belohnungshierarchie zu berücksichtigen.

Für bekannte Signale wie „Sitz“, die dein Hund zuverlässig ausführt, sind vielleicht weniger wertvolle Belohnungen ausreichend. Bei neuen oder besonders herausfordernden Übungen solltest du hingegen die attraktivsten Belohnungen einsetzen. Ein Beispiel: Wenn dein Hund beim Spaziergang einen Hasen entdeckt, aber auf deinen Rückruf hin sofort zu dir kommt, ist das eine beachtliche Leistung. Gib ihm in diesem Moment etwas, das er über alles liebt: vielleicht sein Lieblingsspielzeug oder ein besonders schmackhaften Keks. So stärkst du das gewünschte Verhalten und erhöhst die Motivation deines Hundes, beim nächsten Mal wieder auf dich zu hören, bzw. das gewünschte Verhalten zu zeigen.
Es kann auch hilfreich sein, die Belohnungen gelegentlich zu variieren, um die Spannung und Motivation hochzuhalten. Überraschungen wirken oft besonders motivierend.

Atticus beschwichtigt hier – das Streicheln ist KEINE Belohnung.

INDIVIDUELLE VORLIEBEN BERÜCKSICHTIGEN

Es ist wichtig zu verstehen, dass nicht jede vermeintliche Belohnung für jeden Hund auch tatsächlich eine ist. Streicheln zum Beispiel wird häufig als Belohnung eingesetzt. Doch für manche Hunde, insbesondere wenn sie gerade aufgeregt sind oder ihre Energie anders ausrichten wollen, ist Streicheln nicht besonders attraktiv oder kann sogar als störend empfunden werden.

Beobachte deinen Hund genau. Freut er sich wirklich über das, was du ihm anbietest? Zeigt er Begeisterung und Motivation? Oder wirkt er abgelenkt und wenig interessiert? Indem du die individuellen Vorlieben deines Hundes beachtest, kannst du die Effektivität deines Trainings erheblich steigern.

Buddelt dein Hund für sein Leben gern? Ich kann ehrlich gesagt total verstehen, dass du nicht unbedingt möchtest, dass dein Garten am Ende wie eine Baustelle aussieht und dein Hund zum passionierten Landschaftsgärtner wird. Aber warum nicht seine Vorlieben einfach mit ins Training einbauen? Du könntest zum Beispiel das Buddeln auf ein bestimmtes Signal legen und deinem Hund nur an Stellen erlauben, wo es wirklich passt und für dich in Ordnung ist. So bekommt dein Hund seine buddelfreudigen Momente, du schonst deinen Rasen und ihr beide seid zufrieden. Manchmal sind es die kleinen Kompromisse, die das Training mit Hund alltagstauglich und entspannt machen. Lerne die Bedürfnisse deines Hundes kennen!

Kalle würde natürlich gerne alle Mäuse aus der Erde holen. Aber Ute erlaubt ihm das Buddeln nur dort, wo es auch in Ordnung ist. So sind beide zufrieden und die Mäuschen haben noch einmal Glück gehabt.

Regelmäßige Überprüfung und Anpassung

Die Vorlieben deines Hundes können sich im Laufe der Zeit ändern. Was heute seine Lieblingsbelohnung ist, kann morgen an Attraktivität verlieren.

Wichtig

Nimm dir die Zeit, eine detaillierte Belohnungsliste zu erstellen und die Wertigkeit der einzelnen Belohnungen zu ermitteln. Beobachte deinen Hund genau und passe deine Strategien bei Bedarf an. So legst du den Grundstein für effektives Training und ein harmonisches Zusammenleben.

Daher ist es sinnvoll, die Belohnungshierarchie regelmäßig zu überprüfen und bei Bedarf anzupassen. Führe die beschriebenen Tests in gewissen Abständen erneut durch und beobachte, ob sich Präferenzen verschoben haben.
Auch äußere Faktoren können eine Rolle spielen. Ein Hund, der gerade gefressen hat, ist möglicherweise weniger an Futterbelohnungen interessiert. Ein anderer Hund, der besonders verspielt ist, möchte vielleicht lieber toben als ein Leckerli fressen. Flexibilität und Aufmerksamkeit sind hier gefragt.

Kurz gesagt: Die passende Belohnung zur richtigen Zeit ist ein wesentlicher Bestandteil erfolgreichen Hundetrainings. Indem du dir die Mühe machst, die individuellen Vorlieben deines Hundes kennenzulernen und sie im Training gezielt einzusetzen, förderst du nicht nur das Lernen, sondern stärkst auch die Beziehung zwischen dir und deinem Hund.

1 Pete liebt es, in Bewegung zu sein.

2 Olaf schaut sich die ganze Geschichte erst mal in Ruhe an.

2

Welche Belohnung	*	**	***	****	Für welches Signal oder Verhalten
Gurke	X				Sitz in bekannter Umgebung
Trockene Kekse		XX			Sitz unter Ablenkung
Zergeln				XXXX	Rückruf
Katzenfutter			XXX		Hunde-begegnungen

1 * GEHT SO
2 ** SCHON BESSER
3 *** MEGA
4 **** JACKPOT

THE
TRUST

DAS MARKER-SIGNAL –

DER SCHLÜSSEL ZU EFFEKTIVEM TRAINING

TRAINING DARF SPASS MACHEN

Das ist einer von Kaspers Lieblingstricks – mit dem Clicker kann ich viel genauer bestätigen.

Als ausgebildete Therapiebegleithündin hat Nala gelernt, das Glücksrad zu drehen. Das habe ich ihr auch mit einem Clicker „Schritt für Schritt“ beigebracht.

Was ist ein Markersignal?

In diesem Kapitel erfährst du, was genau ein Markersignal ist, warum es so wertvoll ist und wie du es Schritt für Schritt in deinem Training nutzen kannst.

Wichtig!

Das richtige Timing macht den Unterschied, so kann dein Hund wirklich verstehen und schnell lernen, was du dir gerade von ihm wünschst.

Ein gut etabliertes Markersignal ist ein echter Schatz in der Hundeerziehung. Es sorgt für eine klare und präzise Kommunikation zwischen dir und deinem Hund und macht das Lernen für euch beide effektiver und angenehmer.

Stell es dir so vor: Du möchtest das perfekte Foto schießen. Um den richtigen Moment einzufangen, brauchst du ein perfektes Timing. Genau dafür ist das Markersignal im Training da. Es ist ein sogenannter sekundärer Verstärker. Das bedeutet, es kündigt die eigentliche Belohnungfür den Hund, also das, was dein Hund wirklich haben möchte, an.

Das Markersignal ist ein eindeutig erkennbares Zeichen für deinen Hund, das ihm sagt: „Hey, das war genau richtig!“ Der Hund weiß, dass jetzt eine Belohnung folgt und es hilft ihm, das gewünschte Verhalten mit einem positiven Erlebnis zu verknüpfen. Dieses Signal kann ein Geräusch wie ein Clicker, ein bestimmtes Wort oder ein anderes, klar erkennbares Zeichen sein.

Wichtig ist, dass das Markersignal immer gleich bleibt und exakt in dem Moment gegeben wird, in dem dein Hund das richtige Verhalten zeigt. Damit weiß dein Hund ganz genau, wofür er gerade belohnt wird.

Unterschied zwischen Markersignal und Lobwort

Oft höre ich im Training: „Fein“, „Brav“, „Prima“ oder das gute alte „Gut gemacht“. Hand aufs Herz, wir neigen doch alle dazu, unseren Hunden ein Lobwort entgegenzuwerfen, sobald wir das Gefühl haben, sie könnten es gerade brauchen.

Am Ende gilt: Ein Lobwort gibt Herz und Verbindung, das Markersignal gibt Klarheit. Und die Mischung aus beidem macht das Zusammenspiel beim Training leicht, ehrlich und alltagstauglich.

Und ja, natürlich ist das angenehm, wer hört nicht gerne, dass er etwas richtig gemacht hat? Das Lobwort, das ist für mich wie das Schulterklopfen nach dem Abwasch. Freude, Anerkennung, Gemeinschaftsgefühl; der Hund soll wissen: „Hey, ich sehe, was du schaffst, ich finde dich großartig.“ Aber, und jetzt kommt das kleine „Aber“ im großen Hunde-Einmaleins: Ein Lobwort ist kein Markersignal, auch wenn es sich manchmal ganz ähnlich anfühlt.

DAS LOBWORT: AUSDRUCK VON FREUDE UND ANERKENNUNG

Ein Lobwort drückt primär unsere Freude und Anerkennung aus. Es ist eine Form der sozialen Verstärkung und zeigt dem Hund, dass wir mit seinem Verhalten zufrieden sind. Allerdings ist ein Lobwort weniger präzise als ein Markersignal. Es wird häufig variabel eingesetzt, kann mit unterschiedlichen Emotionen verbunden sein und ist nicht immer ein zuverlässiges Versprechen auf eine Belohnung. Der Hund ist sich bei einem Lobwort also nicht sicher, ob er überhaupt eine Belohnung bekommt. Spannend ist aber: Je öfter du ein Lobwort gezielt und im Zusammenhang mit einer Belohnung benutzt, kann es mit der Zeit sogar selbst zu einer echten Belohnung werden. Manche Hunde leuchten regelrecht auf, wenn sie ein dickes „Prima!“ bekommen. Das Lobwort wird dann schon zum primären Verstärker. Für andere Hunde ist es einfach nett, aber eben kein Weltwunder. Entscheidend ist also: Was motiviert DEINEN ganz individuellen Hund? Findet er deine Anerkennung schon super oder braucht es noch einen Keks obendrauf?

DAS MARKERSIGNAL: KLARHEIT UND PRÄZISION

Das Markersignal ist für mich im Training ein echter Gamechanger. Vergleiche es ruhig mit einem glasklaren Leuchtturm für deinen Hund.

Immer gleich, immer neutral, immer eindeutig. Dein Hund muss nicht rätseln, ob er jetzt genau das Richtige gemacht hat oder nicht. Nein, im Gegenteil: Er weiß, das Markersignal ist ein Versprechen, und das wird jedes Mal eingelöst. Während das Lobwort oft einfach unser menschlicher Freudenapplaus ist, ist das Markersignal der direkte Draht zu deinem Hund. Damit sagst du nicht einfach nur „Gut gemacht", sondern „Genau das, genau jetzt, das war es!". Für mich ist das Markersignal deshalb nicht nur irgendein Werkzeug, sondern ein wichtiger Schlüssel für faires, klares und erfolgreiches Training.

Warum ist das Markersignal so effektiv?

Hunde reagieren am besten, wenn sie immer wieder die gleichen, klaren Signale bekommen. Ein neutraler Ton oder ein Click ist für deinen Hund viel einfacher zu erkennen als unsere menschlichen Worte, die je nach Stimmung mal freundlich, mal gereizt oder mal ganz begeistert klingen. Das Markersignal hilft dir, deinem Hund ganz exakt zu zeigen, wann er etwas richtig gemacht hat. Genau dieser eine Moment wird hervorgehoben und das sorgt dafür, dass dein Hund viel schneller versteht, was du eigentlich von ihm möchtest. So wird Lernen nicht nur einfacher, sondern auch richtig effektiv. Durch die klassische Konditionierung verknüpft dein Hund das Markersignal mit einem richtig guten Gefühl. Er weiß, sobald er das Geräusch hört, passiert gleich etwas Tolles, die Belohnung lässt nicht lange auf sich warten. Dieses positive Erlebnis sorgt dafür, dass dein Hund gerne mitmacht und motiviert bleibt. Je öfter er für richtiges Verhalten dieses gute Gefühl spürt, desto häufiger wird er das Verhalten zeigen, das du dir wünschst. Da sind wir wieder bei meinem Spruch: Der Hund macht nur etwas, wenn es sich für ihn lohnt.

1

2

1 Bei manchen Hunden reicht es völlig aus, wenn du ein Lob aussprichst.

2 Nala möchte schon gerne einen Keks zur Belohnung – sie hat ihre Retriever-Gebrauchsanweisung gut gelesen.

Das richtige Markersignal wählen

Es gibt viele Möglichkeiten, ein Markersignal einzuführen. Du hast die Wahl und manchmal lohnt es sich, einfach auszuprobieren, was zu dir und deinem Hund passt.

1

Clicker: Der Klassiker ist der Clicker. Der macht ein ganz eindeutiges Geräusch und klingt immer gleich, egal wie deine Stimmung ist. Deshalb ist der Clicker so beliebt im Hundetraining.

Verbales Signal: Du kannst aber auch ein kurzes, neutrales Wort nehmen, wie zum Beispiel „Click" oder einen eigenen Laut wie „Zipp". Wichtig ist, dass du dich für ein Signal entscheidest und dieses dann auch konsequent und gleich verwendest.

Geräusch: Manche Hunde reagieren auch super auf ein schnalzendes Geräusch mit der Zunge oder einen kleinen Pfiff. Hauptsache, das Signal ist eindeutig und wird von dir immer gleich ausgeführt; egal, wie das Wetter oder deine Laune ist.

Mein Tipp

Wähle ein Signal, das möglichst neutral ist und das du im Alltag nicht ständig nutzt, zum Beispiel kein „Fein" oder „Super", denn solche Wörter tauchen ständig irgendwo auf. Je klarer und unabhängiger das Markersignal, desto leichter wird dein Hund es hören, verstehen und freudig darauf reagieren.

DAS MARKERSIGNAL KONDITIONIEREN

Bevor du dein Markersignal – ganz gleich, ob Clicker oder lustiges Zauberwort – im Training verwendest, ist es entscheidend, dass du es positiv konditionierst. Das heißt, dein Hund soll sofort wissen, wenn das Signal ertönt, passiert gleich etwas Fantastisches. Du verknüpfst das Signal also mit einer richtig tollen Belohnung. Erst wenn dein Hund verstanden hat, dass auf das Geräusch stets etwas Gutes folgt, solltest du es im eigentlichen Training einsetzen. Das ist die Grundlage für effektives und punktgenaues Arbeiten und macht deinem Hund richtig Laune mitzudenken.

3

2

1 Mit dem Clicker kannst du auch ein Verhalten, das nur eine Sekunde gezeigt wird, bestätigen.

2 So ein Stab mit integriertem Clicker ermöglicht dir auf Distanz zu arbeiten.

3 Hier benutze ich einen Kochlöffel als Sichttarget und bestätige mit einem gesprochenem „CLICK“ als Markersignal.

Der Aufbau des Marker-signals

Bevor ich dir erkläre, wie du dein Markersignal aufbaust, möchte ich dir eine kleine Eselsbrücke mit auf den Weg geben, die dir das Prinzip verdeutlichen wird.

DIE „YEP“-MILLIONEN-METHODE

Stell dir vor, ich gebe dir immer, wenn ich das Wort „Yep“ sage, eine Million Euro! Jedes Mal! Ich sage zehnmal hintereinander „Yep“, und du bekommst jedes Mal eine Million Euro: steuerfrei! Ich sage zehnmal „Yep“ und du kannst schon mal anfangen, dir auszumalen, was du mit diesem plötzlichen Reichtum alles anstellen würdest. Wahrscheinlich kribbelt es jetzt schon in deinem Bauch, oder?

Jetzt stell dir aber vor, ich sage noch einmal zehnmal „Yep“ – aber diesmal mache ich nur ein komisches Grinsen dazu, immer und immer wieder. Da wird das „Yep“ plötzlich ziemlich mittelmäßig. Hand aufs Herz: Bei welcher Variante hast du beim nächsten Mal, wenn ich „Yep“ sage, ein megatolles Gefühl, die größte Erwartung und die beste Laune? Die meisten Menschen werden sich für die Millionen entscheiden!

Und genau so musst du dir das vorstellen: Der primäre Verstärker, also das, was auf das Markersignal folgt, sollte diese Millionen für deinen Hund sein, und nicht das verrückte Lächeln! Je besser dein primärer Verstärker ist, desto schneller wird es gehen. Wenn dein Hund „verrückt“ nach Käse ist, dann nimm Käse. Wenn dein Hund lieber Zerrspiele liebt, dann spiele mit ihm.

Das bedeutet: Wähle eine Belohnung, die dein Hund wirklich liebt, und kombiniere sie direkt mit dem Markersignal. So wird dieses Signal zu einem echten Highlight, auf das dein Hund voller Vorfreude wartet und das Lernen plötzlich so leicht und motivierend macht wie nie zuvor.

UND SO GEHST DU VOR

1. Vorbereitung: Nimm eine Handvoll kleiner, besonders schmackhafter Kekse zur Hand. Wähle einen ruhigen Ort, an dem dein Hund sich konzentrieren kann und wenig Ablenkung herrscht. Positioniere dich in einer neutralen Haltung.

2. Kombination von Signal und Belohnung: Gib dein gewähltes Markersignal (z. B. den Click mit dem Clicker oder das Wort, z. B.: „Yep!“). Unmittelbar danach gibst du deinem Hund z. B. den Käse. Die zeitliche Nähe ist entscheidend, damit dein Hund die Verknüpfung herstellen kann.

1

2

3

3. Wiederholung: Wiederhole diesen Vorgang mehrmals hintereinander. Am besten in kurzen Sequenzen von etwa 5 – 10 Wiederholungen.

4. Variation der Fütterungspositionen: Achte darauf, dass du deinen Hund nicht immer in der gleichen Position bestätigst, beispielsweise wenn er immer vor dir sitzt oder dich anschaut. Variiere die Art und Weise, wie du ihm „die Million" gibst. Gib es ihm mal direkt aus der Hand, wirf es mal nach links, mal nach rechts oder lege es auf den Boden, damit er es aufheben kann. So verknüpft dein Hund das Signal mit der Belohnung an sich und nicht mit einer bestimmten Handlung oder Position.

5. Beobachtung: Nach einigen Wiederholungen solltest du beobachten, dass dein Hund beim Hören des Signals aufmerksam wird und erwartungsvoll zu dir schaut. Das ist ein Zeichen dafür, dass er die Verknüpfung zwischen Signal und Belohnung verstanden hat.

6. Überprüfung: Um zu testen, ob die Konditionierung erfolgreich war, gib das Markersignal, wenn dein Hund gerade abgelenkt (aber nicht zu stark) ist. Reagiert er darauf und schaut zu dir, ist das Signal etabliert.

Wiederhole diese Übung in kurzen Trainingseinheiten über ein paar Tage hinweg, um die Verknüpfung zu festigen. Die Konditionierung des Markersignals ist ein fortlaufender Prozess. Gelegentliche „Auffrischungen" sind sinnvoll, um die Verknüpfung aufrechtzuerhalten.

1 Den Clicker kann der Hund ruhig sehen, die Hand mit den Keksen kannst du hinter dem Rücken halten.

2 Erst kommt das Geräusch, „das CLICK", …

3 … dann „rumsen", den Keks rein.

Einsatz des Markersignals im Training

Nun kannst du das Markersignal gezielt im Training einsetzen. Mit dieser Methode versteht dein Hund schnell, welches Verhalten du dir wünschst.

1

1 Popo auf dem Boden, das ist dein Markermoment.

2 Bauch kommt auf dem Boden auf – das ist dein Markermoment.

Wichtig ist dabei das präzise Timing:
– **Exakter Moment:** Gib das Markersignal in dem Moment, in dem dein Hund das gewünschte Verhalten zeigt. Beispielsweise beim „Sitz" genau dann, wenn sein Popo den Boden berührt. Denke an das perfekte Foto!
– **Unmittelbare Belohnung:** Nach dem Verhalten folgt sofort die Belohnung. So weiß dein Hund genau, wofür er belohnt wird. Kein langes Warten, keine Verwirrung, sondern sofort die Bestätigung.
– **Konsequenz:** Verwende das Markersignal nur, wenn du auch tatsächlich eine Belohnung parat hast. Das Markersignal ist immer ein Versprechen, das du für deinen Hund einhalten solltest. Nichts ist für Hunde frustrierender, als wenn ein Versprechen mal gehalten wird und mal nicht. Also: Klarheit, Verlässlichkeit und immer ein echter Gewinn für deinen Vierbeiner, aber auch für dich! Dein Hund wird motiviert sein, das gewünschte

Verhalten immer wieder zu zeigen, weil er genau weiß, dass sich das für ihn lohnt. Das ist ein bisschen wie bei uns mit dem Lieblingsitaliener: wir gehen dort gerne hin, weil wir ganz genau wissen, was uns erwartet und dass es sich jedes Mal lohnt.

PRAKTISCHE BEISPIELE

Übung „Sitz“

1. Signal geben: Gib das Signal „Sitz“.
2. Verhalten markieren: Sobald dein Hund sich hinsetzt und sein Hinterteil den Boden berührt, gibst du sofort das Markersignal, wir knipsen das Foto.
3. Belohnen: Gib ihm direkt danach den Keks, bzw. die vereinbarte Belohnung.

2

Übung „Platz“

1. Signal geben: Sage „Platz“.
2. Verhalten markieren: Wenn sein Bauch den Boden berührt, folgt das Markersignal (wir knipsen das Foto)
3. Belohnen: Die Belohnung wird unmittelbar nach dem Signal gegeben.
Durch diese Klarheit versteht dein Hund genau, welches Verhalten von ihm erwartet wird.

EMOTIONALE NEUTRALITÄT BEWAHREN

Ich weiß, wie verlockend das ist. Du freust dich riesig, dass dein Hund endlich das Richtige gemacht hat, und prompt klingt dein Markersignal mal wie eine Opernarie, mal wie ein Fußballtorjubel. Das Problem dabei: Für deinen Hund wird das Ganze plötzlich ganz schön schwammig. Mal klingt der Marker vor Freude fast nach Oper, mal eher wie ein verschlucktes Räuspern. Und dein Hund steht da und fragt sich, ob jetzt ein Keks kommt oder ob Frauchen einfach einen guten Tag gehabt hat.

Deshalb mein Tipp aus Erfahrung: Halte dein Markersignal am besten immer wie dein Lieblingssender im Radio; ohne große Stimmungswechsel, immer gleich, immer klar. Emotionen sind wunderbar, zeig sie ruhig nach dem Marker. Aber genau in dem Moment braucht dein Hund einfach Verlässlichkeit. Ein Markersignal wie ein Schweizer Uhrwerk: neutral, klar, zuverlässig. Danach darf natürlich wieder gefeiert werden wie nach einem Lottogewinn!

BESONDERE SITUATIONEN BERÜCKSICHTIGEN

Gerade bei Hundebegegnungen kann ein neutraler Clicker zum echten Ass im Ärmel werden. Stell dir vor, ihr seid unterwegs, plötzlich kommt euch ein anderer Hund entgegen, alle sind einen Moment lang aufgeregt. Dein Clicker setzt in genau diesem Moment ein klares, unverändertes Signal. Egal ob du selbst ein bisschen angespannt oder bester Laune bist, der Ton bleibt immer gleich. Das macht es deinem Hund leicht, sich in all dem Trubel auf dich zu konzentrieren. Unsere Worte können da schon mal ganz anders klingen. Mal ist das „Fein" freundlich und entspannt, mal rutscht die Stimme unfreiwillig ins Drama. Hunde registrieren das sofort. Ein Clicker bleibt dagegen immer neutral, verlässlich und nimmt deiner Stimme die ganze emotionale Wellenbewegung ab. Dein Hund weiß also bei jeder Begegnung, woran er ist, selbst wenn es um euch herum aufregend wird.

Übrigens, ein sauber auftrainiertes Markersignal ist wirklich ein Wunderding für euer Training. Damit wird die Kommunikation zwischen euch viel klarer, ihr versteht euch besser und dein Hund orientiert sich viel lieber und leichter an dir. Setzt du den Clicker gezielt ein, merkt dein Hund schnell, dass er auf das Signal vertrauen kann, und plötzlich wird das Miteinander noch ein Stück entspannter. Mit dem Clicker kannst du früher, länger und gezielter reagieren.

Ylvie ist nach dem Click sofort aufmerksam und auf ihre Belohnung gespannt.

Mein Tipp

Gönn dir und deinem Hund wirklich die Zeit, das Markersignal in aller Ruhe zu konditionieren und Schritt für Schritt ins Training einzubauen. Du wirst schnell sehen, wie sehr das euren Trainingsalltag bereichert und wie aus kleinen Lerneinheiten echte Freude und Erfolg werden können. Manchmal reicht schon ein einziger clickender Moment, um bei deinem Hund (und bei dir) ein richtiges Leuchten auszulösen.

1

2

1 Auch Henry hat das „CLICK" vernommen und der Kopf geht in Frauchens Richtung.

2 Der Clicker unterstützt dein Training – er ist ein Werkzeug.

Die feinen Unterschiede: Ein Markersignal für jede Situation

Stell dir mal vor, du könntest mit verschiedenen Markersignalen gezielt beeinflussen, welches Verhalten du von deinem Hund bekommen möchtest. Genau das ist möglich!

Mein Tipp

Achte auf eine ruhige Energie, langsame Bewegungen und eine entspannte Stimme. Dein Hund spürt sofort, wenn du selbst die Ruhe in Person bist und kann genau das am besten übernehmen.

Du kannst mit einem ruhigen Markersignal ruhiges Verhalten fördern und mit einem energiegeladeneren Markersignal dein Hund auch mal dazu motivieren, richtig in Schwung zu kommen.

Ein kleines Beispiel aus dem Alltag: Stell dir vor, du übst mit deinem Hund das Kinn-Target. Das ist die Übung, bei der dein Hund sein Kinn ganz entspannt in deine Hand legt und idealerweise dabei völlig ruhig bleibt. Genau in solchen Momenten kann ein lauter, energiegeladener „Click" schon mal das Gegenteil bewirken. Plötzlich ist alle Ruhe weg und dein Hund denkt, jetzt ist Partyzeit.

Hier spielt ein leises, ruhiges Markersignal seine Stärke aus. Mit einer sanften Bestätigung förderst du Gelassenheit und Konzentration und hilfst deinem Hund, dass er in diesen ruhigen Übungen auch wirklich entspannt bleibt. Du kannst mit der Auswahl deines Markersignals also steuern, ob dein Hund in einer Situation runterfährt oder richtig Gas gibt. Wie praktisch ist das bitte?

DAS RUHIGE MARKERSIGNAL: SANFTE BESTÄTIGUNG FÜR ENTSPANNTE MOMENTE

Vielleicht kennst du das auch: Du trainierst mit deinem Hund, aber der berühmte „Click" ist einfach zu viel

1

2

des Guten. Es wird plötzlich alles hibbelig, dein Hund ist sofort im Feiermodus und eigentlich wolltest du gerade genau das Gegenteil – nämlich Ruhe und Konzentration. Vielleicht hast du dich auch schon gefragt, ob es nicht noch andere Möglichkeiten gibt, deinem Hund ein punktgenaues und trotzdem entspanntes Feedback zu geben. Und ich kann dir sagen, natürlich gibt es die! Das Markersignal ist nämlich ein echtes Multitalent. Ich zeige dir, wie vielseitig dieses Werkzeug wirklich ist und wie du es clever und gelassen in deinem Alltag einsetzen kannst.

Für Übungen, bei denen es auf Ruhe und Konzentration ankommt, nutze ich bei meinen Hunden immer gerne ein sanftes Markersignal. Bei uns klingt das wie ein leises, gedehntes „Priiima“. Vielleicht kennst du das Gefühl, dass dein Hund darauf nicht völlig aus dem Häuschen gerät. Und das ist auch ganz genau so gewollt. Ein ruhiges Markersignal soll nämlich nicht zu Freudensprüngen verleiten, sondern ganz entspannt bestätigen. Es ist sozusagen das „Lass uns mal tief durchatmen“-Signal im Training.

So baust du ein ruhiges Markersignal auf:

1. Vorbereitung: Halte ein paar Kekse bereit, die dein Hund besonders mag: Doch ACHTUNG: hier sollte es den Hund nicht übermotivieren!

2. Signal und Belohnung: Sage dein gewähltes Markersignal („Prima“, „Ruhig“, „Fein“; finde ein Wort, das sich für dich gut anfühlt) in einem sanften, ruhigen Tonfall. Unmittelbar danach gibst du deinem Hund den Keks.

3. Wiederholung: Wiederhole diesen Vorgang mehrmals. Wichtig ist, dass du immer zuerst das Markersignal gibst und dann die Belohnung.

4. Verknüpfung: Durch die Wiederholungen lernt dein Hund die Verknüpfung.

1 Für unser Kinn-Target benutze ich ein ganz leisen Clicker.

2 Auch bei solchen Tricks benutze ich einen leisen Clicker und belohne ohne viel Energie.

Kasper liebt das „HEYYY"!

DAS ENERGETISCHE MARKERSIGNAL

Ich möchte dir nun eine dynamische Methode im Hundetraining vorstellen, die nicht nur effektiv, sondern auch voller Spaß und Energie steckt: Das energetische Markersignal. Diese Technik bringt Freude und Lebendigkeit in das Training mit deinem Hund und stärkt eure Verbindung auf spielerische Weise.

Statt eines Clickers, den ich dir in den vorherigen Seiten erklärt habe, arbeitest du hier mit deiner eigenen Stimme oder einem anderen akustischen Signal. Ich nutze gerne ein einfaches „Heeeey", aber du kannst auch ein Pfeifen oder ein anderes Geräusch wählen. Wichtig ist, dass es klar und energetisch ist.

Der Ablauf gestaltet sich einfach: Zuerst gibst du das Signal, beispielsweise dein „Heeeey", und sofort danach folgt die Belohnung in Form eines Keks, oder einem Spieli, das dein Hund fangen oder dem er hinterherjagen darf. Diese Reihenfolge ist entscheidend! Das Signal kommt immer **vor** der Belohnung. Dein Hund lernt so, das Signal mit der bevorstehenden Freude zu verknüpfen. Sobald er das energetische Markersignal hört, weiß er, dass gleich ein spannender Moment folgt.

Stell dir vor, dein Hund läuft fröhlich über eine Wiese. Du rufst „Heeeey!" und wirfst etwas, dem er begeistert hinterherjagt. Dieses Spiel macht nicht nur Spaß, sondern fördert auch die Reaktionsgeschwindigkeit und Aufmerksamkeit deines Hundes. Du kannst auch mal ausprobieren, nach dem Signal selbst loszulaufen und somit deinen Hund automatisch im gemeinsamen Spiel zu dir zu rufen, ohne wirklich zu rufen.

Diese aktive Teilnahme stärkt die Verbindung, zwischen euch beiden und macht das Training zu

Dem Keks hinterherzulaufen bringt so viel mehr Spaß, als ihn einfach nur so zu bekommen.

einem echten Abenteuer. Das energetische Markersignal ist mein kleiner Geheimtipp, wenn es im Training mal richtig lebendig werden soll. Besonders für Bewegungsspiele, gemeinsames Rennen oder Apportieren eignet sich dieses Signal wunderbar. Ob du etwas wirfst und dein Hund es einsammelt oder ihr einfach gemeinsam losflitzt, das Markersignal darf hier ruhig ein bisschen nach Party klingen. Hauptsache, es passt zu euch beiden und macht euch Freude. Lass deiner Kreativität freien Lauf. Finde heraus, welches Markersignal bei euch für besonders viel Begeisterung sorgt. Dein Hund wird es lieben, wenn du richtig „aufdrehst" und voller Energie bestätigst. So verknüpft er das Signal mit tollen Erlebnissen. Stell dir vor, wie euer Training plötzlich noch abwechslungsreicher, lebendiger und spannender wird. Hier brauchst du kein Equipment, sondern nur Freude.

Das energetische Markersignal eignet sich hervorragend, um Freude und Dynamik in euer Training zu bringen. Und das Schöne daran ist, dass du es in zahlreichen Situationen anwenden kannst, sei es als Teil eines Trainingsprogramms oder einfach als spielerische Einlage während eines Spaziergangs.

Das energetische Markersignal bringt nicht nur Schwung in eure Übungen, sondern sorgt auch für richtiges Funkeln in den Hundeaugen. Es ist ideal für Rückrufe, kleine Wettrennen beim Spaziergang oder einfach als überraschendes Highlight zwischendurch.

Probiere es aus, geh spielerisch und mutig ran und genieße das Strahlen und die Vorfreude bei deinem Hund. Du wirst sehen, wie viel Spaß ihr beiden mit dieser Technik haben werdet und ganz nebenbei wird eure Verbindung immer stärker.

Hier ist der Keks bereits unter dem Becher und kann direkt nach dem „CLICK“verspeist werden.

DER FEINE UNTERSCHIED IN DER PRAXIS

Probiere es mal aus: Der Unterschied zwischen einem energiegeladenen und einem ruhigen Markersignal wird besonders deutlich, wenn wir beide direkt vergleichen. Stell dir vor, du bittest deinen Hund, sein Kinn in deine Hand zu legen, das berühmte Kinn-Target.

Energiegeladenes Markersignal („Click“): Wählst du ein energiegeladenes, schnelles „Click“, dann passiert es oft, dass dein Hund nach dem Signal sofort aufspringen will. Er ist direkt in Erwartungshaltung und möchte wissen, was als Nächstes kommt. Das erzeugt Schwung, manchmal schon fast ein kleines Feuerwerk.

Ruhiges Markersignal („Prima“): Nimmst du stattdessen ein ruhiges Markersignal wie zum Beispiel ein sanftes „Prima“, bleibt dein Hund in aller Regel entspannt und verharrt ruhig mit dem Kinn in deiner Hand. Es ist fast so, als würde dein Hund tief durchatmen und die Stille genießen. So kannst du gezielt steuern, welche Stimmung und welches Verhalten du im Training fördern möchtest: aufgedrehte Action oder entspannte Ruhe.

Dein Werkzeugkasten für Markersignale

Nimm dir ruhig einen Moment Zeit und überlege einmal, welche Arten von Markersignalen in deinem Alltag mit Hund wirklich hilfreich sein könnten. Wo brauchst du vielleicht ein aufmunterndes, dynamisches Signal, etwa beim Rückruf oder beim Apportieren? In welchen Situationen ist es besser, ein ruhiges und bestäti-

gendes Signal zu wählen, zum Beispiel beim Liegen bleiben oder beim Medical Training?
Es lohnt sich, die verschiedenen Übungen und Alltagssituationen einmal aufzuschreiben, in denen du die jeweiligen Signale einsetzen möchtest. Probiere aus, welche Variante für dich und deinen Hund am besten funktioniert. So findest du heraus, wie ihr noch klarer miteinander kommunizieren und lernen könnt. Passe auch die Belohnungen dem Markersignal an.

SOLLTE JETZT JEDER MIT EINEM MARKERSIGNAL ARBEITEN?

Sagen wir mal so, du könntest die Schraube auch per Hand in die Wand drehen, doch mit einem Akkuschrauber, also mit dem Markersignal im Training, geht es meist nicht nur schneller, sondern auch sauberer und viel effektiver. Du bist natürlich nicht gezwungen, ein Markersignal zu nutzen, aber die Erfahrung zeigt: Wer einmal gesehen hat, wie präzise und zuverlässig Markersignale wirken, möchte freiwillig nicht mehr darauf verzichten.

Mit einem Clicker kann ich genau den Moment einfangen, wo er den Ball loslässt.

ZUVERLÄSSIG IM ALLTAG

DER GELASSENE HUND

Neugierig, fröhlich und zuverlässig – so wünschen wir uns den Hund an unserer Seite.

Die Kofferraum-Übung

Bevor wir ins klassische Übungsprogramm wie Sitz, Platz, Leinenführigkeit oder Rückruf einsteigen, fange ich bewusst mit dem Kofferraum-Training an. Warum? Weil dieses kleine Alltagsritual gern unterschätzt wird.

Die Kofferraum-Übung ist im echten Alltag die Basis für so vieles und dir zeigt schon das Aussteigen deines Hundes aus dem Auto sofort, wie ernst er dich nimmt.

Und ich wäre nicht Claudi, wenn ich dazu nicht wieder eine Geschichte auf Lager hätte. Jedes Mal, wenn ich mit meinen Kunden das Kofferraum-Training übe, erzähle ich Folgendes: Beim Kofferraum-Training arbeite ich nicht mit Keksen und ich fixiere meinen Hund auch nicht mit einem „Warte", „Bleib" oder einem „Sitz". Warum mache ich das so?

Stell dir vor, wir treffen uns spontan auf einem Parkplatz an einer befahrenen Straße. Du bist gerade dabei, deinen Hund aus dem Kofferraum zu holen, und in dem Moment komme ich angeflitzt und begrüße dich laut und überschwänglich (eben so, wie ich nun mal bin). Zack, du bist abgelenkt, hast keine Zeit, um deinem Hund ein „Sitz" oder „Warte" zu geben und was passiert? Dein Hund springt aus dem Auto, läuft auf die Straße und wird überfahren. Ja, ich erzähle das meinen Kunden tatsächlich so dramatisch, damit das Gefühl bei allen ankommt, wie wichtig gerade diese scheinbar banalen Alltagsrituale sind.

Denn sind wir ehrlich: Manchmal sind wir Menschen einfach etwas langsam, abgelenkt oder in Gedanken versunken. Sonst wird aus einem kleinen Moment ganz schnell eine große Katastrophe. Also: Kofferraum auf, Hund bleibt drin, du regelst die Welt und erst, wenn du bereit bist, darf das Abenteuer beginnen. So einfach, so wichtig.

Und hier greift wieder mein Satz: Sei liebevoll konsequent!

Wichtig

Der Hund muss lernen, freiwillig und entspannt, bei jeglicher Ablenkung, zu warten, bis du ihm das Zeichen zum Aussteigen gibst.

1

2

1 Wir geben dem Hund KEIN Signal!

2 Selbst wenn Merle die Aufmerksamkeit woanders hat, bleibt Henry im Kofferraum.

SICHERHEIT, VERTRAUEN UND EIN GELASSENER START

Beim Kofferraum-Training brauchst du weder Keks noch Marker-Zauberei. Die Belohnung liegt für deinen Hund nämlich längst auf der Pfote: Es gibt nichts Größeres, als endlich loslegen zu dürfen und mit dir gemeinsam ins Abenteuer zu starten. Klar, dein Hund würde den Keks nehmen, wenn du einen spendierst, aber was will er wirklich? Die Freiheit und das Dabeisein. Das macht das Mitkommen zur höchst möglichen Belohnung. Deshalb ist dies ein tolles Beispiel dafür, wie du deinen Hund im Alltag führst, und wie sehr kleine Alltagsrituale für Zuverlässigkeit und Sicherheit sorgen.
Gerade im Stadtleben oder überhaupt überall, wo plötzlich irgendwas Spannendes los sein kann, ist so eine kleine Kofferraum-Übung echtes Gold wert. Dein Hund darf erst dann raus, wenn du freundlich dazu einlädst, nie einfach auf eigene Faust, und schon gar nicht mit der „Ich mach das mal selbst“-Mentalität. Das nimmt Stress raus, schafft Sicherheit für alle und gibt dir ein schönes Gefühl von Kontrolle. Dein Hund weiß, dass er immer auf dich bauen kann, während du die Lage regelst. Und ehrlich gesagt, ist es auch für dich ganz entspannt, wenn du beim Öffnen des Kofferraums nicht jedes Mal ins Schwitzen kommst.

SICHERES UND RUHIGES AUSSTEIGEN AUS DEM AUTO

So geht's Schritt für Schritt

Du startest das Training, indem du deine Kofferraumklappe (oder die hintere Autotür, wenn dein Hund auf der Rückbank sitzt) öffnest. Das machst du, ganz ohne den Hund anzusprechen. Bleib einfach ruhig, sag nichts und schau erst mal nur, was dein Hund tut.
Will dein Hund gleich nach vorne stürmen oder versucht sogar, direkt rauszuspringen? Dann nutzt du ausschließlich deine Energie und deine Körpersprache, um ihn liebevoll, aber bestimmt daran zu hindern. Berühre ihn ruhig mit Körper oder Hand,

1

2

1 Henry wird freundlich angesprochen,

2 ... er wird entspannt angeleint,

3 ... und mit einem Auflösesignal eingeladen auszusteigen.

3

schiebe ihn zurück, ohne Hektik, ganz klar, ganz selbstverständlich. Achte darauf, wie viel Energie nötig ist, denn das ist bei jedem Hund ein bisschen anders. Bei sehr reaktiven Hunden schließt du im Zweifel einfach die Klappe oder Tür wieder. Sicherheit und Fairness stehen dabei immer an erster Stelle, dein Hund soll sich nie eingeengt oder erschreckt fühlen.
Wiederhole diesen Ablauf: Öffnen, beobachten, und wenn dein Hund drängelt, wird wieder geschlossen. Das machst du solange, bis dein Hund **von ganz allein** ruhig im Auto bleibt, wenn sich die Tür öffnet. WICHTIG: Ohne irgendwelche Signale, ohne ein

„Nein“, ohne ein „Sitz“. Hier wird wortlos trainiert, und zwar ganz ohne Aggressionen, nur mit deiner ruhigen, energetischen, verlässlichen Präsenz. Dein Hund soll spüren, es ist ganz normal, dass er bleibt, bis er von dir eingeladen wird.
Wenn du die Autotür oder den Kofferraum öffnen kannst, und dein Hund bleibt ruhig an seinem Platz, verändere testweise langsam deine Körperhaltung: Gehe einen Schritt zur Seite, dreh dich halb ab, bleib aber wachsam. Sobald dein Hund in dem Moment wieder nach vorne gehen will, gehst du wieder aktiv in die Begrenzung, stellst dich in den Weg oder blockierst mit dem Körper. Klare Körpersprache hilft deinem Hund, zu verstehen, dass auch unter veränderten Umständen der Grenzrahmen gilt. Achtung, bei dieser Übung kommt es wirklich auf DEIN Timing an. Reagiere nicht zu früh, aber vor allem auch nicht erst, wenn dein Hund schon mit den Pfoten über die Kofferraumschwelle huscht. Schau auf deine Energie. Bleib klar und ruhig, nicht zu forsch, aber auch nicht zu weich (wie ich zu sagen pflege: Nicht wie eine kleine Spaghetti!)
Wenn du merkst, dass sich dein Hund sicher und geduldig zurücknimmt, kommt der schönste Teil: Du bittest ihn freundlich und ganz bewusst, jetzt auszusteigen. Wiederhole dieses kleine Ritual ruhig mehrmals und bring immer wieder kleine Variationen hinein, bis dein Hund wirklich entspannt und zuverlässig wartet.
Jetzt kannst du das Ganze ein wenig spannender machen. Steigere die Reize, die die Geduld deines Hundes herausfordern. Das kann so einfach sein wie einen Schritt weiter zurückzugehen oder zur Seite zu treten. Du kannst auch zusätzliche Ablenkungen/Schwierigkeiten einbauen, zum Beispiel raschelst du mit der Leckerli-Tasche, lässt einen Ball ans Auto rollen, bittest jemand anderen mit oder ohne Hund, an euch vorbeizugehen, oder hüpfst auf der Stelle. So lernt dein Hund, auch unter neuen Bedingungen die Nerven zu bewahren und auf dein Signal zu warten.

Mit Ruhe, Konsequenz und klarer Körpersprache schaffst du so ein sicheres und schönes Ritual für jede Ausstiegssituation aus dem Auto und bist für alle Abenteuer bestens gewappnet!

Wichtig

Du steigerst die Anforderungen wirklich Schritt für Schritt und gehst immer nur so weit, wie dein Hund ruhig und konzentriert bleiben kann. Übe das Kofferraum-Training an ganz unterschiedlichen Orten und nicht nur gemütlich zu Hause. Probiere es zum Beispiel auf dem Supermarktparkplatz, am Waldparkplatz, vor deiner Haustür oder auf dem Feld, bevor es zur Gassirunde mit den Hundekumpels geht. Hunde sind wahre Künstler im Kontextlernen. Je mehr Abwechslung du ins Training bringst, desto leichter wird es deinem Hund fallen, dich auch in ungewohnten Situationen ernst zu nehmen. Und falls dein Hund doch einmal ganz plötzlich aus dem Kofferraum springt, mach dir keinen Stress. Bleib freundlich und konsequent, lade ihn einfach wieder ruhig in den Kofferraum ein und übt weiter.

1

2

1 Lass die Klappe Klappe sein und kümmere dich erst um deinen Hund!

2 Dann kannst du ganz in Ruhe die Kofferraumklappe schließen.

Fehlerquellen und hilfreiche Tipps

– Ablenkung ist groß, Aufmerksamkeit fehlt: Gerade wenn draußen viel los ist, lässt sich die Aufmerksamkeit deines Hundes manchmal schnell ablenken. Bleib hier einfach geduldig. Für viele Hunde sind neue Orte oder Situationen rund ums Auto besonders aufregend. Ruhiges Verhalten wird nicht über Nacht zur Selbstverständlichkeit. Es braucht Wiederholung, Geduld und Zeit, damit daraus echte Routine wird.

– Erfolg durch Drängeln: Achte auch darauf, dass dein Hund nicht zu oft „Erfolg auf eigene Faust" hat, besonders wenn er drängelt oder schneller aus dem Auto möchte als du. Belohnung gibt es nur für das Verhalten, das du sehen möchtest, nämlich wenn dein Hund ruhig bleibt und gelassen abwartet. Sei LIEBEVOLL KONSEQUENT.

Zusatztipp: Wenn dein Hund aus dem Kofferraum gesprungen ist, richte deine ganze Aufmerksamkeit erst mal auf ihn. Lass die Kofferraumklappe ruhig noch einen Moment offen und erledige nicht sofort alles andere, wie Tasche richten, am Schlüssel herumhantieren oder irgendetwas zusammensuchen. Halte die Leine locker in der Hand und gib deinem Hund den Moment, sich umzuschauen und ganz in Ruhe anzukommen.

Warte ab, bis er sich einmal abgeschüttelt hat und kurz innehält. Erst dann gibst du das Markersignal und belohnst ihn direkt mit zwei oder drei richtig tollen Keksen. So verknüpft dein Hund von Anfang an die Erfahrung: Nach dem Aussteigen lohnt es sich, bei dir zu bleiben und nicht direkt durchzustarten.

Sitz – Warum kein „Bleib“?

Für viele Hundehalter ist es das absolute Muss: das berühmte „Sitz“. Dieses Signal ist nicht nur im Alltag praktisch, sondern auch die perfekte Grundlage für viele weitere Übungen.

Aber mal ehrlich, hast du dich auch schon mal gefragt, wie du es schaffst, dass dein Hund sich nicht nur irgendwie hinsetzt, sondern wirklich zuverlässig und sauber auf dein Signal reagiert?
Bevor wir jetzt direkt ins Training für Sitz oder Platz eintauchen, gibt es etwas, das mir immer wieder auffällt und das ich unbedingt loswerden möchte. Viel zu häufig erwarten wir von unseren Hunden Dinge, die sie entweder noch nie so richtig gelernt haben oder die sie in dem Moment gar nicht umsetzen können. Und was meine ich damit genau?
Lasst mich euch mitnehmen in meine Gedankenwelt, beziehungsweise es ist mal wieder Zeit für eine echte Claudi-hat‘s-erlebt-Geschichte. Kasper muss zum Tierarzt. Es ist der erste richtig warme Tag im Jahr, also sitze ich mit meinem Kasper im Garten der Tierarztpraxis unseres Vertrauens. Und ich sage es euch ganz ehrlich, ich genieße diese Zeit. Gerade

1

1 Wenn du dich zu doll über den Hund beugst, dann wirkt es eher bedrohlich und der Hund setzt sich nicht gerne hin.

2 Hier gibt Anja das Signal nochmal ohne sich rüberzubeugen, das ist für Ylvie angenehmer.

jetzt geht es nur um meinen Hund, und ich nehme mir bewusst die Zeit, nicht nur mit ihm zum Tierarzt zu fahren, sondern auch ganz bewusst diesen Moment zu erleben. Ich habe entschieden, draußen zu warten, immerhin ist es einfach schön und die Sonne lacht. Während ich also da sitze und warte, schaue ich auf die Menschen, die mit ihren Hunden ein- und ausgehen. Ein Auto fährt vor. Eine Frau steigt aus und hat einen jungen Hund an der Leine. Sofort huscht mir ein Lächeln über das Gesicht, weil ich Junghunde einfach liebe. Die sind voller Leben und wollen alles entdecken. Klar, sie müssen nicht nur die große Welt entdecken, sondern auch lernen, wie sie sich in unserer Menschenwelt bewegen. Dazu gehört eben auch ein Besuch beim Tierarzt.

Henry setzt den Po nur ungern ab – das ist auch o. k. Gehe auf deinen Hund ein, er ist keine Maschine.

2

Schnell sehe ich: Der Hund ist ganz schön aufgeregt. Die Frau geht mit ihrem Hund in die Praxis, die Tür bleibt offen und ich kann ziemlich gut hören und sehen, was drinnen passiert. Im Warteraum sind schon drei weitere Hunde. Für viele Hunde ist so ein Moment einfach eine große Herausforderung. Erst recht, wenn sie die Praxis vielleicht noch nie betreten haben und dann sitzen da auch noch andere Fellnasen.
Jetzt kommt der spannende Teil: Wir haben hier einen Junghund, der die Situation schon eher schwierig findet. Nun gibt seine Halterin das Signal zum Sitz. Ich schaue aufmerksam zu, ob der junge Hund das in all dem Trubel umsetzen kann. Und wie so oft

Wenn dein Hund für dich „Sitz“ macht, dann freue dich darüber, es ist doch ein Geschenk, oder? Hier lobe ich Kasper verbal – fasse ihn aber nicht an, denn das würde er nicht als Belohnung empfinden.

bestätigt sich meine Vermutung: Das klappt nicht. Der Hund KANN das Signal nicht ausführen.
Woran liegt das? Ganz einfach, der Hund KANN es schlicht nicht, er hat das Signal noch nicht ausreichend und in dieser Form gelernt. Damit ein Hund unter solch extremen Ablenkungen zuverlässig ein Sitz oder Platz ausführt, braucht es viel mehr als einmaliges Üben im Wohnzimmer. Hunde lernen kontextabhängig.
Das bedeutet, wir müssen unserem Hund diese Signale in ganz vielen verschiedenen Situationen und Umgebungen beibringen und die Ablenkungen Schritt für Schritt steigern. Nur so kann der Hund lernen, auch in herausfordernden Momenten sicher zu reagieren.
Was ich mit diesen Zeilen erreichen möchte: Überlege dir bitte, in welchen Situationen du deinem Hund Signale gibst und wie du damit umgehst, wenn er sie nicht ausführen kann oder will. Wie fair bist du in diesen Momenten wirklich? Ist das Signal wirklich unter diesen Umständen gelernt? Oder willst du gerade eigentlich nur, dass dein Hund zaubert? Lass uns also zurück an den Anfang gehen. Wie bringst du deinem Hund das „Sitz“ eigentlich wirklich bei?

DAS AUFLÖSESIGNAL

Aber halt, stopp, ich habe das Kapitel ja damit begonnen, dass du kein „Bleib“ brauchst - also fangen wir erst mit dem Auflösesignal an.
Wenn dein Hund von Anfang an lernt, dass es ein Signal gibt, das ihm erlaubt, seine Position (z. B.: Sitz oder Platz) zu verlassen, wird er mit der Zeit auf dieses Signal warten. Er wird

1

2

1 Sage erst dein z. B. „Go“.

2 Werfe dann den Keks weg.

1

2

nicht einfach aufstehen, sondern geduldig abwarten, bis du ihm die „Freigabe“ erteilst.

So trainierst du ein Auflösesignal

1. Wähle dein Wort: Überlege dir zuerst, welches Wort du als Auflösesignal verwenden möchtest. Es sollte ein Wort sein, das ...

– ... du nicht ständig im Alltag benutzt.

– ... dir leicht über die Lippen kommt.

Ich persönlich verwende ein Fantasiewort: „Djuke“. Andere Möglichkeiten wären „Go“, „Merci“ oder ein anderes Wort deiner Wahl. Von einem einfachen „Okay“ würde ich eher abraten, da wir dieses Wort oft unbewusst im normalen Gespräch verwenden.

2. Kekse werfen: Nimm einen Keks in die Hand. Wirf es ein paar Meter von dir weg und mache gleichzeitig eine deutliche Handbewegung (zum Beispiel eine ausholende Bewegung in die Richtung, in die du wirfst). Dein Hund wird dem Keks hinterherlaufen.

3. Signal hinzufügen: Wenn dein Hund verstanden hat, dass die Handbewegung bedeutet, dass er loslaufen darf, fügst du VOR der Handbewegung dein gewähltes Auflösesignal hinzu. Also:

– Du sagst „Go“ (bzw. dein ausgewähltes Wort).

– Du machst die Handbewegung und wirfst den Keks.

– Dein Hund läuft los.

4. Wiederholung: Wiederhole diesen Ablauf ein paarmal.

5. Leckerli weglassen: Nach ein paar Wiederholungen lässt du den Keks in der Hand weg. Du machst nur noch das Auflösesignal und die Handbewegung. Wenn dein Hund der Handbewegung folgt (also losläuft), gibst du dein Markersignal und holst dann einen Keks aus deiner Tasche. Durch diese Übung lernt dein Hund: Dieses Wort und diese Handbewegung bedeuten, dass ich meine Position verlassen darf und eine Belohnung bekomme. Er wird lernen, geduldig auf dein Auflösesignal zu warten, bevor er aufsteht. Und schon brauchst du kein „Bleib“ mehr.

Das Auflösesignal sitzt – nun geht es weiter.

1 Ein Sitz ist ein Sitz, so lange, bis Svenja was anderes sagt.

2 Olaf wartet ganz brav bis das Auflösesignal von Svenja kommt.

1

2

1 Auf deine richtige Ausführung kommt es an. Sage erst dein Wort und gebe dann das Handzeichen.

2 Beachte auch, dass es für den Hund unterschiedliche Kontexte sind, ob du stehst oder ob du vor ihm hockst.

SO LERNT DEIN HUND EIN SITZ

Am Anfang ist es das Wichtigste, dass dein Hund überhaupt erst mal auf die Idee kommt, sich hinzusetzen. Wie kannst du das erreichen? Zum Beispiel, indem du ihn mit einem Keks führst. Halte den Keks ganz dicht an die Nase deines Hundes und bewege ihn dann langsam über seinen Kopf nach hinten. Die meisten Hunde folgen dieser Bewegung brav und setzen sich automatisch, weil sie den Keks nicht aus den Augen verlieren wollen. Kaum ist der Po am Boden, kannst du das gleich markieren und deinen Hund mit einem Keks belohnen.
Wichtig: Du sagst dabei kein Wort. Dein Hund weiß ja noch nicht, was das Wort „Sitz" bedeutet.

Jetzt kommt dein Markersignal ins Spiel, das du ja schon vorbereitet hast. In genau dem Moment, in dem der Po deines Hundes auf dem Boden landet, gibst du dein Markersignal, zum Beispiel ein fröhliches „Click", und sofort danach bekommt dein Hund seinen Keks.
Hier ist das Timing wirklich alles! Auf diese Weise lernt dein Hund ganz schnell, dass immer, wenn er sich hinsetzt und dieses Geräusch hört, etwas richtig Tolles für ihn herausspringt. Diesen Ablauf wiederholst du mehrere Male hintereinander. Führe mit dem Keks, warte ab, bis der Hund sich setzt, gib das Markersignal und gib den Keks frei. So festigt sich das Sitz Schritt für Schritt und ein strahlender Hund ist inklusive.

Das Timing ist alles!

Die Handbewegung ohne Leckerli

Wenn dein Hund das Prinzip verstanden hat, wird es spannend. Jetzt kommt nämlich der nächste Schritt: Lass den Keks in der Hand einfach weg. Führe genau die gleiche Bewegung mit der leeren Hand aus. Du wirst sehen, dein Hund wird sich vermutlich trotzdem hinsetzen, weil er weiß, dass auf diese Bewegung etwas Gutes folgt. Sobald er sitzt, gibst du dein Markersignal und dann kommt die Belohnung. Jetzt holst du den Keks erst aus deiner Tasche und überraschst deinen Hund damit. So festigst du den Ablauf Schritt für Schritt und machst den Weg frei für ein sicheres und freudiges Sitz.

Das Signal einführen – Die Signalkontrolle

Endlich darfst du sprechen. Jetzt führen wir das eigentliche Hörsignal, also das Wort „Sitz", ein. Und so klappt es am besten:

– Kurz **bevor** du die Handbewegung machst, sagst du klar und deutlich „Sitz".
– Erst dann folgt die Bewegung mit der Hand (ganz ohne Keks).
– Dein Hund setzt sich.
– Markersignal und Belohnung, du weißt schon, das volle Programm.
– **Wichtig:** Am Ende gibt es das Auflösesignal.

Warum genau diese Reihenfolge? Ganz einfach: Im Kopf deines Hundes entsteht auf diese Art und Weise eine klare Verknüpfung. Er lernt Schritt für Schritt: „Sitz" plus Handbewegung ergibt Hinsetzen und das bringt eine Belohnung.

Wichtig: Achte unbedingt darauf, dass du zuerst das Hörzeichen gibst und dann die Handbewegung machst. Nicht umgekehrt! Nur so kann die Verknüpfung im Gehirn deines Hundes richtig entstehen.

DER CLAUDI-TIPP

DAS EINHALTEN DES TIMINGS BEI DER SIGNALKONTROLLE

Ich habe einen absoluten Geheimtipp für dich und der ist wirklich ein bisschen verrückt. Früher habe ich meinen Kunden immer gesagt: „Diesen Trick findest du in keinem Fachbuch! Das ist ein echter Claudi-Tipp, und der steht erst gedruckt da, wenn ich mal ein eigenes Buch schreibe." Na, jetzt ist es endlich so weit! Mit dieser Methode bekommst du das mit dem Timing richtig gut hin: Halte dich mit beiden Händen einfach aneinander fest. Sprich dann erst dein Signal, zum Beispiel „Sitz", und erst danach löst du die Hände und hebst die Hand für das Sichtzeichen. So schaffst du es fast automatisch, dass du nicht aus Versehen schon während des Wortes oder sogar vorher mit der Hand wedelst. Probiere es ruhig aus, du wirst staunen, wie sehr dir das beim Timing hilft!

WAS KANN SCHIEFLAUFEN?

Vielleicht kennst du das: Dein Hund setzt sich brav hin und noch bevor du blinzeln kannst, steht er auch schon wieder auf. Keine Panik, das ist völlig normal. Hunde wissen am Anfang ja noch nicht, dass sie in der Sitzposition bleiben sollen. Das kommt erst mit der Zeit und vor allem mit der richtigen Bestätigung. Hier kommt ein kleiner Trick, der dein Training deutlich entspannter macht. Im Englischen nennt man das „Click for action, feed for position". Übersetzt bedeutet das ganz einfach: Du clickst oder gibst dein Markersignal für die Aktion, also fürs Hinsetzen, aber du fütterst deinen Hund immer dort, wo du ihn gerne hättest, nämlich im Sitz. Wir müssen uns klarmachen, dass Hunde echte Minimalisten sind. Sie machen immer das, was für sie am wenigsten Arbeit bedeutet und was sich für sie lohnt. Da ist er wieder der Satz: Ein Hund macht nur etwas, wenn es sich für ihn lohnt, sonst macht er es nicht. Wenn du den Keks im Stehen gibst, wird sich dein Hund immer wieder zum Stehen bemühen. Wenn du aber immer nur im Sitzen belohnst, wird er ziemlich flott merken, dass es sich lohnt, in der Position zu bleiben. So machst du aus „Sitz" nicht nur ein schönes Signal, sondern auch einen echten Ruheanker. Und das ganze komplett ohne ein Bleib!

So funktioniert's

1. Führen ohne Worte: Führe deinen Hund entweder mit einem Keks, oder besser mit der Zauberhand, über den Kopf nach hinten – so, wie du es beim Aufbau vom „SITZ" gelernt hast. OHNE Signal!

Wenn Käthe sitzt, dann sitzt sie wie ein Fels in der Brandung.

Auch das ist eine tolle Möglichkeit, „Sitz“ zu üben und gleichzeitig die Bindung zu festigen. Aber Achtung, bitte nur, wenn der Hund auch so gerne kuschelt wie Ylvie.

2. Der entscheidende Moment: Sobald der Po deines Hundes den Boden berührt, gibst du dein Markersignal.
3. Füttern in Position: Jetzt kommt der wichtige Teil. Gib deinem Hund den Keks nicht einfach irgendwie, sondern halte ihn so, dass er sitzen bleiben muss, um es zu bekommen. Du führst das Leckerli also nicht weg, sondern hältst es tief, sodass er sich nicht aufrichten muss.
Durch diese Methode lernt dein Hund: „Das Markersignal bedeutet, dass ich etwas richtig gemacht habe (mich hingesetzt habe), aber die Belohnung bekomme ich nur, wenn ich in dieser Position bleibe.“
Und jetzt kommt das **Wichtigste**: Du löst deinen Hund auf.

DU BRAUCHST KEIN „BLEIB"

Mit „Click for action, feed for position" hast du deinen Hund längst auf den Geschmack gebracht. Er weiß jetzt schon, dass sich Sitzenbleiben richtig lohnt. Dein Vierbeiner denkt vermutlich: „Aha, wenn ich den Hintern kleben lasse, gibt es immer wieder Nachschub." Damit hast du die halbe Miete schon drin.

Und jetzt geht es ans Feintuning: Festigen und Verknüpfen sind die Zauberworte. Das Signal „Sitz" soll so in dem Hundekopf landen, dass Sitzenbleiben dazugehört wie der Keks zum Kaffee. Vielleicht fragst du dich, warum ich nicht noch groß ein zusätzliches „Bleib" einführe. Ganz einfach: Ein Sitz ist für mich ein Sitz und zwar so lange, bis ein neues Signal kommt. Das Gleiche gilt übrigens auch fürs Platz. Kein Theater, keine Extraschleife. Das macht alles herrlich unkompliziert für dich und schön klar für deinen Hund.

Du kannst dir das so vorstellen: „Sitz" heißt bei mir, der Po bleibt am Boden, bis ich was anderes sage. Und das Beste daran ist, dass du und dein Hund so viel entspannter unterwegs seid. Einfache Regeln, entspannte Hunde, entspannte Menschen – und wieder: **Hundeerziehung leicht gemacht.**

Schritt für Schritt zum zuverlässigen Sitzenbleiben

Aber wie bekommst du ein wirklich verlässliches Sitz? Jetzt bist du an der Reihe! Setz dich mal ganz in Ruhe hin und sei ehrlich zu dir selbst. Wie oft hast du das Signal „Sitz" tatsächlich mit deinem Hund geübt? Ich meine damit echtes Training, nicht einfach ein Sitz „verlangt", sondern wirklich mit Plan und Struktur geübt.

Schreibe dir am besten auf, in welchen Situationen das Sitzenbleiben schon prima klappt und wo dein Hund irgendwann doch nicht sitzen bleiben kann und aufsteht. So bekommst du einen guten Überblick und weißt ganz genau, wo noch Luft nach oben ist. Und dann geht es Schritt für Schritt weiter.

1

So kannst du vorgehen:

1. Ausgangsposition: Bringe deinen Hund ins „Sitz".

2. Leichte Verlagerung: Lehne deinen Oberkörper ganz leicht nach hinten. In dem Moment, in dem du dich zurücklehnst, gibst du bereits dein Markersignal.

3. Füttern in Position: Wichtig! Achte darauf, dass du deinen Hund in der sitzenden Position fütterst, wie wir es im vorherigen Abschnitt besprochen haben. Sollte er aufgestanden sein, bringe ihn ohne viel Aufhebens wieder ins „Sitz" und beginne von vorne.

4. Der erste Schritt: Nun gehst du einen Schritt nach hinten. In dem Moment, in dem du dein Bein bewegst, gibst du das Markersignal.

5. Zurück zum Hund: Sollte dein Hund aufstehen, gehe ruhig und körpersprachlich bestimmt (aber ohne negative Energie!) auf ihn zu und bringe ihn wieder ins „Sitz". Er wird schnell lernen, dass es sich mehr lohnt, sitzen zu bleiben.

6. Den Hund aus dem Sitz **auflösen**.

1 Wenn die Hunde ein Sitz ohne Bleib können, wird diese Übung ein Kinderspiel.

2 Je selbstverständlicher das Sitzenbleiben ist, desto entspannter ist dein Hund.

2

Achtung, Stolperfalle: Deine Energie und Körpersprache

Viele Hundehalter treten beim Zurückgehen beinahe wie auf einer Bühne auf. Sie schauen ihren Hund ganz genau an, gehen gerade und zielsicher auf ihn zu und wundern sich dann, dass der Hund plötzlich aufspringt und ihnen folgt, als würde er denken: „Oh, geht es jetzt schon weiter?“
Mach es dir leichter und denk daran, dass Hunde ziemlich gute Körpersprache-Detektive sind. Je entspannter und lockerer du dich bewegst, desto klarer versteht dein Hund, dass er ruhig dort bleiben kann. So fühlt sich dein Hund sicher und bleibt ganz relaxed auf seinem Platz.

– **Entspannt bleiben:** Achte darauf, dass du entspannt bleibst, wenn du dich entfernst.
– **Blickkontakt vermeiden:** Starre deinen Hund nicht direkt an. Schaue eher über ihn hinweg oder leicht an ihm vorbei.
– **Seitliche Bewegung:** Wenn du wieder auf deinen Hund zugehst, mache das leicht seitlich, nicht frontal.

Kann dein Hund ein zuverlässiges Sitz, können wir ganz entspannt jeden vorbeilassen.

REIZE EINBAUEN: DIE KÖNIGSDISZIPLIN

Zuerst fängst du an, ein paar Schwierigkeiten einzubauen. Das kann eine größere Distanz sein, das kann ein Sich-schneller-Bewegen sein, das kann Hüpfen sein etc. Wenn das „Sitzenbleiben" ohne Schwierigkeiten richtig gut klappt, kannst du Stück für Stück kleine Ablenkungen ins Spiel bringen. Da gibt es jede Menge Möglichkeiten. Du kannst zum Beispiel:

– Ein paar Kekse auf den Boden legen.

– Oder vielleicht hältst du auch ein Spielzeug in der Hand, winkst einmal zaghaft damit,

– oder du lässt ganz lässig eine andere Person vorbei gehen.

Denk daran, jeder Hund ist hier ein bisschen anders. Für manche ist schon das Rascheln der Kekstüte der absolute Wahnsinn (meine Oma Nala ist von dieser Sorte), andere bleiben sogar dann sitzen, wenn ein rollender Ball vorbeihuscht. Gehe also besonders kleinschrittig vor und schau, was

deinem Hund leichtfällt und wo es für ihn schwerer wird. Passe die Übungen immer dem aktuellen Stand deines Vierbeiners an. So bleibt das Training fair, macht Spaß und das Sitzenbleiben wird richtig alltagstauglich.

ERFOLGSORIENTIERT TRAINIEREN

Denk immer daran: Je öfter du deinen Hund bestätigen kannst, weil er sitzen bleibt, desto weniger musst du überhaupt korrigieren, weil er aufsteht. Und genau das sorgt dafür, dass euer Training nicht nur erfolgreicher, sondern auch viel entspannter wird und zwar für euch beide. So entstehen echte Routine und richtig schöne Erfolgserlebnisse.

Die Kontexte machen den Unterschied

Ein zuverlässiges Sitz oder Platz ist nicht einfach nur das Hinsetzen oder Hinlegen auf Ansage. Es heißt, dein Hund versteht das Signal wirklich in allen Lebenslagen. Hunde sind nämlich echte Meister darin, im richtigen Kontext zu lernen. Das bedeutet, sie merken sich nicht nur das Wort, sondern gleich das ganze Drumherum, in dem sie das Signal kennengelernt haben. Ich erlebe es oft, dass Welpenbesitzer zu mir kommen und stolz erzählen: „Mein Hund kann schon 'Sitz'!" Und ja, das glaube ich ihnen auch. Aber meistens kann der Hund es eben nur in einer ganz bestimmten Situation: Wenn der Besitzer vor dem Hund steht, brav die Hand hebt und ihn freundlich anstrahlt. Das ist die magische Sitzformel und schwupps, sitzt der Hund.

Wenn du aber hinter deinem Hund stehst und nur das Hörzeichen sagst, wird er wahrscheinlich ratlos sein. Warum? Weil er diesen Kontext noch nie gelernt hat. Dann sieht dein Hund dich nur fragend an. Er schaut sich um und wartet, ob nicht gleich jemand kommt und das gewohnte Sitzprogramm abspult. Hunde sind schlau und merken sich genau die Kleinigkeiten. Deshalb lohnt es sich, Sitz und Platz wirklich überall und in allen Varianten zu trainieren.

Für Pitti ist ein Zergel schon eine große Herausforderung, wenn er brav sitzen bleibt, bekommt er diesen als Belohnung.

Die Vielfalt macht's!

Deshalb ist es so wichtig, dass du deinem Hund „Sitz“ (und jedes andere Signal) in möglichst vielen verschiedenen Kontexten beibringst. Hier sind ein paar Beispiele, wie du das Training variieren kannst:

– **Deine Position:** Du stehst hinter dem Hund. Du stehst neben dem Hund. Du stehst mit dem Rücken zum Hund. Du bist in der Hocke.

– **Deine Ansprache:** Du sagst nur das Hörzeichen (ohne Handbewegung). Du kombinierst Hörzeichen und Handbewegung.

– **Ablenkungen:** Ein anderer Hund ist in der Nähe. Du hältst einen Gegenstand (z. B. einen Karton) in der Hand. Es gibt Geräusche oder Bewegungen in der Umgebung.

Der Ort: Nicht nur auf dem Hundeplatz

Aber auch der Ort spielt eine entscheidende Rolle. Nur weil dein Hund zu Hause oder auf dem Hundeplatz ein perfektes „Sitz“ zeigt, heißt das noch lange nicht, dass er es auch in der Stadt, im Park oder im Wald kann.

Ich sehe immer wieder Hunde, die auf dem Hundeplatz wie kleine Musterschüler sind, aber sobald sie den Parkplatz betreten, ist es mit dem Gehorsam vorbei. Das liegt einfach daran, dass sie das Signal in diesem neuen Kontext nie gelernt haben.

Also: Trainiere mit deinem Hund an vielen verschiedenen Orten!

1

2

1 Olaf meistert ein Sitz auf dem Stepper.

2 Olafs Blick ist schon auf seine Belohnung gerichtet – aber recht hat er, Sitz auf einem Reifen ist eine reife Leistung.

1

1 Holly ist noch eine junge Hündin und macht es ganz toll.

2 Auch Pete ist ein Junghund und übt hier fleißig das Sitz.

2

Geduld und Wiederholung

Das Ganze braucht natürlich etwas Übung. Bleibe geduldig und übe fleißig.

Und noch mehr Vielfalt: Untergründe, Kleidung ...

Es geht aber noch weiter. Nicht nur verschiedene Orte, sondern auch verschiedene Untergründe sind für deinen Hund unterschiedliche Kontexte. Kann dein Hund ein „Sitz“ auf einer raschelnden Plastiktüte? Oder auf einem glatten Fliesenboden? Oder auf einem Baumstamm?
Sogar deine Kleidung kann einen Unterschied machen! Gibst du deinem Hund das „Sitz“-Kommando immer nur, wenn du deine „Hunde-Kleidung“ anhast, aber nie, wenn du schick angezogen bist?

Du siehst: Es gibt unzählige Möglichkeiten, das Training abwechslungsreich zu gestalten. Es liegt an dir, wie zuverlässig das „Sitz“ (oder „Platz“) deines Hundes am Ende wird. Je mehr Kontexte du ihm zeigst, desto besser wird er das Signal verstehen und in jeder Situation ausführen können.

Platz – Der unbewusste Unterschied in der Verstärkung

Während die meisten Hunde das „Sitz“ recht schnell lernen, sieht es beim „Platz“ oft anders aus. Viele Hundehalter berichten, dass ihr Hund sich mit dem „Platz“ schwerer tut. Aber woran liegt das?

Der Hauptgrund liegt meistens darin, wie wir Menschen das Verhalten unserer Hunde oft ganz unbewusst immer wieder verstärken. Stell dir vor: Dein Hund zieht bei euch ein, setzt sich irgendwann hin und zack, sofort gibt es einen Keks, der Mensch freut sich überschwänglich. Das passiert im Alltag immer wieder. Aber legt sich deine Fellnase mal entspannt ab, bekommt er dann auch einen Keks? Na, Hand aufs Herz, das passiert meist deutlich seltener.
Und genau da liegt der entscheidende Unterschied. Das „Sitz“ wird meist viel öfter und in zig Alltagssituationen mit Lob oder Keks belohnt als das „Platz“. Kein Wunder also, dass die meisten Hunde ein bombenfestes Sitz haben und beim Platz manchmal noch überlegen müssen, ob es sich heute auch lohnt.
Außerdem machen wir Menschen uns oft genau hier selbst das Leben schwer. Je weniger der Hund reagiert, desto schärfer oder ungehaltener wird das Signal ausgesprochen. Ganz ehrlich, das ist einer der häufigsten Gründe, warum ein Hund beim „Platz“ nicht so sicher reagiert wie beim „Sitz“.

Olaf bleibt auch auf dem Stepper liegen.

Aus Hundesicht klingt der Mensch dann schnell eher schlecht gelaunt. Du kennst das vielleicht: dieses extra langgezogene „Platzzzzzz“, das mit jeder Wiederholung ein bisschen mehr nach zischender Schlange klingt und weniger nach Einladung.
Und hier kommt mal wieder ein typischer **Claudi-Tipp**: Bleib positiv! Je freundlicher und entspannter du das Signal gibst, desto schneller und freudiger wird dein Hund es ausführen. Es macht einfach einen Unterschied, ob dein Hund denkt, dass ein Spiel startet oder gleich die nächste Grummelrunde beginnt.

Die Lösung

Kleinschrittig, positiv und geduldig!

Achte also darauf, dass du beim „Platz“-Training besonders kleinschrittig, positiv und geduldig vorgehst.

1 | 2

1 Olaf kann ein Platz auch schon ohne Handzeichen.

2 Es kommt das Auflösesignal und die einladende Handbewegung.

SO BRINGST DU DEINEM HUND DAS „PLATZ" BEI

1. Locken mit dem Leckerli: Nimm einen Keks in die geschlossene Hand und halte es deinem Hund dicht vor die Nase. Er soll richtig mitbekommen, dass du etwas Tolles hast.

2. Hand zum Boden führen: Führe deine Hand langsam und gerade zum Boden. Dein Hund wird dem Leckerli folgen und versuchen, es zu bekommen.

3. Das Markersignal: Wir arbeiten auch hier wieder mit deinem Markersignal. Dein Hund wird wahrscheinlich verschiedene Verhaltensweisen ausprobieren, um an das Leckerli zu kommen. Ignoriere alles außer dem Hinlegen. In dem Moment, in dem der Bauch deines Hundes den Boden

WICHTIG

BLEIB GEDULDIG!

Sollte dein Hund nach dem Markersignal aufspringen, erinnere dich an den Satz: „Click for action, feed for position". Führe ihn einfach ohne ein weiteres Signal mit deiner Handbewegung wieder in Richtung Boden und gib ihm dort die Belohnung.

Denk immer daran: Hunde tun nur das, was sich für sie lohnt. Wenn sie merken, dass sie nur im Liegen ihre Belohnung bekommen, werden sie auch liegen bleiben. Hunde sind schlau und verschwenden keine unnötige Energie!

3

berührt, gibst du dein Markersignal und öffnest die Hand, sodass er das Leckerli fressen kann.

4. Den Hund aus dem Liegen **auflösen** – so brauchst du kein „Bleib".

5. Wiederholung: Wiederhole diesen Vorgang ein paar Mal. Du wirst sehen, dass dein Hund immer schneller versteht, was du von ihm möchtest.

6. Leckerli weglassen: Wenn dein Hund das Prinzip verstanden hat, lass das Leckerli in der Hand weg. Dein Hund wird der Bewegung deiner Hand trotzdem folgen, weil er sie ja schon mit dem Hinlegen und der Belohnung verknüpft hat. Markiere wieder den Moment, in dem der Bauch den Boden berührt, und gib ihm dann ein Leckerli aus deiner Tasche oder von einem anderen Ort.

Genau wie beim „Sitz": Die weiteren Schritte

Um ein zuverlässiges „Platz" zu bekommen, kannst du genauso vorgehen wie beim „Sitz":

4

- Führe das Hörzeichen ein (kurz vor der Handbewegung).
- Festige das Liegenbleiben („Click for action, feed for position").
- Löse das Liegenbleiben auf.
- Übe in verschiedenen Kontexten (deine Position, verschiedene Orte, Ablenkungen ...).

3 Olaf ist ein Profi und weiß genau was er machen soll.

4 Und gemeinsam kann es weitergehen.

Das Glotzen –

Sei mit deinem Hund im Hier und Jetzt!

Doch weißt du, was noch viel wichtiger als ein Sitz oder Platz ist? Ich verrate dir mein Geheimnis – mein Geheimnis womit du auch sagen kannst: **Hundeerziehung leicht gemacht**.

Gerade in unserer heutigen Zeit ist alles schnell, laut und voller Termine. Unsere Hunde hingegen leben im Hier und Jetzt und nehmen die Welt ganz direkt und ohne Zeitdruck wahr. Genau deshalb empfehle ich dir das Glotzen – ja, du hast richtig gelesen! Komm einfach in unseren Glotz-Club, schließe dich deinem Hund an und gönn euch beiden ganz bewusst eine kleine Auszeit. Sitzt nebeneinander, schaut gemeinsam in die Welt, lasst alle Hektik draußen und spürt, wie gut das tut. Ihr werdet merken, solche Glotz-Momente bringen euch beide ganz entspannt ins Hier und Jetzt zurück.

Was musst du dafür tun? Ganz ehrlich, es ist herrlich unkompliziert. Komm einfach mit deinem Hund im Jetzt an. Sucht euch Orte, an denen ihr beide gemeinsam runterkommen könnt. Das kann eine Gartenbank sein, ein umgestürzter Baumstamm oder auch einfach mal ein schönes Stück Waldboden.

Wenn dein Hund am Anfang noch nicht so richtig zur Ruhe findet, lass die Leine zur Sicherheit dran. Du wirst sehen, mit jedem weiteren Glotz-Moment werdet ihr entspannter und vertrauter, und schon bald wird die Leine überflüssig.

Sollte es deinem Vierbeiner trotzdem schwerfallen, sich zu entspannen, dann schummelt ein bisschen: Gib ihm einen leckeren Kauartikel und beobachtet einfach gemeinsam das Leben um euch herum. So werden die Auszeiten immer schöner und das Hier und Jetzt zu eurer kleinen, ganz persönlichen Wohlfühloase.

Pitti und Bienie glotzen gemeinsam ganz in Ruhe.

Gemeinsam im Hier und im Jetzt sein.

Gemeinsam den Sonnenuntergang genießen, was gibt es Schöneres?

Das Ziel ist, dass ihr gemeinsam die Welt anschaut, innehaltet und den Moment genießt. Du wirst sehen, wie eure gemeinsame Bindung wächst, wenn ihr das regelmäßig macht. Glotzen lässt sich übrigens an fast jedem Ort einbauen. Setzt euch zum Beispiel mal an den Rand einer belebten Einkaufsstraße, gönn dir ein Eis und lass deinen Hund die vorbeieilenden Menschen beobachten. Oder besucht einen Wildpark, in dem Hunde erlaubt sind, und schaut gemeinsam den Tieren und anderen Besuchern zu.

Für viele Hunde ist unser Leben viel zu schnell und hektisch. Sie sollen alles gleichzeitig können und vor allem alles sofort verstehen. Dabei vergessen wir oft, wie viel unsere Vierbeiner am Tag erleben und wie wichtig es ist, ihnen Zeit zu geben. Gib deinem Hund die Möglichkeit, seine Umgebung in Ruhe zu bestaunen und alles zu verarbeiten. Besonders bei Welpen ist dieses Beobachten Gold wert, ein bisschen wie bei kleinen Kindern. Auch die bleiben manchmal einfach stehen und sind minutenlang fasziniert von Dingen, die sie entdecken. Lass deinen Welpen, aber auch deinen erwachsenen Hund die Welt erkunden, gib ihm Raum und Zeit, Neues wirklich zu begreifen. So stärkst du seine Sicherheit und eure Verbindung und sammelst ganz nebenbei viele kleine Glücksmomente.

Pause genießen

Beim Glotzen musst du nichts weiter tun, als da zu sein und die Welt auf dich wirken zu lassen, genau das tun Hunde ohnehin: Sie schauen und lernen. Und auch uns Menschen tut dieses bewusste Hinsehen unglaublich gut. Es ist eine wohltuende Pause vom Alltag und gemeinsam mit deinem Hund wird sie zu einem ganz besonderen Erlebnis.

Edda fand die komischen „Hunde“ schon merkwürdig, das nehmen wir als Herausforderung an und glotzen eine Runde, bis die Kühe normal werden.

Mit Herrchen am See sitzen und eine Runde Glotzen – für Edda ein Highlight des Tages.

FÜHREN UND FOLGEN

SICHERHEITSBEDÜRFNIS

Ein Hund der sich bei dir sicher und wohl fühlt, lässt sich auch unterwegs fallen. Nala liebt es, sich zu wälzen.

Werde ein Superheld für deinen Hund

Ich möchte dich etwas fragen. Würdest du einem Menschen folgen, der zugelassen und zugesehen hat, dass du in einer für dich unangenehmen Situation warst und dich damit einfach allein gelassen hat?

Ich sage immer: „Sei ein Superheld für deinen Hund!", und er wird dir überallhin folgen. Bevor ich dir zeige, wie du mit deiner Körpersprache erreichst, dass dein Hund dir wirklich gern und freiwillig folgt, möchte ich dich erst einmal dafür sensibilisieren, wie wichtig diese Superheldenrolle für deinen Hund ist.
Denn am Ende geht es genau darum: Gib deinem Hund das Gefühl, dass er sich auf dich verlassen kann, dann wird er dir mit Freude überallhin folgen.
Vielleicht hast du es selbst schon einmal erlebt: Dein Hund springt andere Menschen an, manchmal sogar wildfremde Leute. Am Anfang war das vermutlich gar nicht da, doch irgendwann hat sich dieses Verhalten eingeschlichen. Und weißt du was? Die meisten Hunde tun das nicht, weil sie so furchtbar freundlich sind, sondern weil sie sich schützen wollen. Sie hoffen einfach, dass man ihnen so nicht zu nahe kommt.
Oft liegt der Grund darin, dass wir Menschen meist „ganz unbewusst" ziemlich übergriffig werden. Vielleicht erwischst du dich selbst auch manchmal dabei, wie du deinem Hund einfach über den Kopf streichelst, ohne wirklich zu fragen, ob er das gerade möchte. Oder du lässt zu, dass fremde Menschen oder andere Hunde deinen Hund ungefragt begrüßen. Gerade für Welpen oder unsichere Hunde kann das schnell zu viel werden.
Achte mal darauf. Vielleicht erkennst du solche Situationen aus eurem Alltag wieder. Dein Hund zeigt dir damit, dass er seine eigene Art gefunden hat, sich Luft und Abstand zu verschaffen, wenn wir Menschen seine Grenzen nicht sehen.

Was das mit dir, deinem Hund und eurer Beziehung zu tun hat? Eine ganze Menge.

Damit dein Hund dir wirklich gerne folgt, ist es wichtig, dass du Verantwortung übernimmst. Achte darauf, dass dein Hund nicht übergriffig behandelt wird, weder von Menschen noch von anderen Hunden. Das gilt für Welpen genauso wie für erwachsene Hunde. Ich lege dir ans Herz, deinen Hund von Anfang an zu schützen. Du darfst ruhig Nein sagen, wenn dir oder deinem Hund etwas unangenehm ist und, ehrlich gesagt, du solltest sogar Nein sagen. Dein Hund wird dir dankbar sein, wenn er spürt, dass du ihm den Rücken stärkst und für ihn einstehst.
Überleg doch mal ganz ehrlich: Du würdest es bestimmt auch nicht mögen, wenn fremde Menschen einfach über deinen Kopf streicheln oder

Ich bin der Held meiner Hunde, sie vertrauen mir jedes Geheimnis an. Nala nutzt es immer gleich aus um mich zu küssen.

sich einfach ungefragt über dich beugen und dich auf oder in den Arm nehmen. Deinem Hund geht es da ganz genauso. Wenn du für deinen Hund wirklich ein Superheld sein möchtest, dann achte darauf, dass er sich auf dich verlassen kann. Zeige ihm, dass du seine Grenzen ernst nimmst und ihn immer schützt, wenn es nötig ist.

Im Laufe dieses Buches werde ich dir übrigens noch eine praktische Übung zeigen, mit der du verhindern kannst, dass dein Hund zu jedem Menschen oder zu jedem Hund läuft. Jetzt schauen wir uns aber noch einmal das Thema Anspringen genauer an. Es macht nämlich einen Unterschied, ob dein Hund aus Zuneigung und Nähebedürfnis an dir hochklettert oder ob er dich wirklich anspringt. Ich nenne das zweite Verhalten gerne „schubsen". Diesen Unterschied kannst du tatsächlich sehr gut erkennen, wenn du einmal genau hinschaust.

Wenn dein Hund aus Zuneigung zu dir möchte, dann wird er sich meist frontal an deinem Hosenbein hochziehen. Ganz anders sieht es aus, wenn er angelaufen kommt und dich „schubst". Dahinter steckt oft das Bedürfnis nach Abstand, nicht nach Nähe. Im Grunde handelt es sich dabei immer um ein Verhandeln um Distanz. Dein Hund möchte in dem Moment eigentlich gar nicht angefasst werden.

Ich weiß, das klingt erst mal komisch. Man denkt ja, wenn der Hund zu einem läuft, sucht er Kontakt. In Wirklichkeit haben viele Hunde aber gelernt, dass sie mit Anspringen oder sogar Knabbern erreichen, dass Menschen sich abwenden. Dann haben sie ihre Ruhe.

Deshalb mein Rat: Sei ein echter Superheld für deinen Hund. Lass erst gar nicht zu, dass er von Menschen oder Hunden ungefragt bedrängt oder berührt wird. So braucht er das „Schubsen" gar nicht erst als Strategie, um sich selbst zu schützen und Abstand zu schaffen.

Das Vertrauenskonto – Aber bitte nicht ins Minus

Hier möchte ich dir etwas erzählen, womit ich die Beziehung zu meinem Hund gerne vergleiche. Für mich ist unser Miteinander wie ein gemeinsames Konto.

Immer dann, wenn ich mit meinem Hund eine schöne Zeit verbringe, gemeinsam kleine und große Abenteuer erlebe, Schätze entdecke, neue Orte erkunde, mit ihm herumalbere, Neues lerne oder auch einfach nur mit ihm kuschle und vor allem ihn beschütze, wächst unser Vertrauenskonto. Jeder positive Moment, den wir zusammen haben, bringt uns ein dickes Plus auf dieses Konto.
Natürlich gibt es im echten Leben auch die anderen Tage. Es kommt mal ein Tierarztbesuch, bei dem dein Hund ordentlich nervös wird, eine unangenehme Hundebegegnung oder vielleicht hast du selbst mal einen schlechten Tag und bist nicht ganz fair zu deinem Hund. Dann wird etwas von diesem Konto abgezogen. Ist genug drauf, bleibst du trotzdem locker im Plus. Wenn du allerdings immer nur so gerade eben über die Runden kommst und kaum gute Momente sammelst, wird dein Konto schnell dünn. Ist dann eine negative Erfahrung dabei, kann es sogar ins Minus geraten.
Und genau das ist für mich das Wichtigste an einer guten Beziehung zum Hund. Je mehr ihr gemeinsam euer

Das Vertrauenskonto

1

1 Die wenigsten Hunde wollen die Weltmacht an sich reißen, wenn sie mit auf das Sofa dürfen.

2 Für Teufelchen ein absolutes Ritual – mit Frauchen auf dem Sofa kuscheln. Das war nicht immer so – sie kam als Angsthund zu mir, der sich nicht hat streicheln lassen.

2

Vertrauenskonto füllt, je öfter ihr das Leben genießt, kleine Abenteuer erlebt und füreinander da seid, desto besser läuft auch der Alltag, fast wie von selbst – quasi **Hundeerziehung leicht gemacht.**

Ein prall gefülltes Vertrauenskonto gibt jedem noch so kleinen Rückschlag genug Reserve. Dann sind ein paar schlechte Tage oder Fehler kein Grund zur Sorge, denn das große Plus bleibt. Und genau darum geht es. Nicht nur „Sitz“ oder „Platz“ üben, sondern das Leben zusammen ERLEBEN, Seite an Seite und ja, auch mal fünfe gerade sein lassen, genau hinschauen, warum möchte mein Hund ein Signal evtl. gerade nicht „ausführen“.

Abenteuer erleben

Hier kommt noch ein weiterer Geheimtipp. Dieses Buch trägt den Titel **„Hundeerziehung leicht gemacht“**, weil es tatsächlich oft viel einfacher sein kann, als man denkt. Viele Hundebesitzer starten voller Elan direkt mit dem Training von Grundgehorsam und möchten, dass „Sitz“ und „Platz“ gleich perfekt funktionieren. Und ja, diese Signale sind hilfreich und wichtig für das gemeinsame Leben.

Was mir aber viel mehr am Herzen liegt: Man sollte als Team zusammenwachsen. Echte Leichtigkeit entsteht nicht durch möglichst viele Signale, sondern durch das Gefühl, gemeinsam durchs Leben zu gehen. Wenn ihr die Schritte aus diesem Buch in euer Leben übernehmt, werdet ihr staunen, wie leicht die eigentliche Erziehung mit einem Mal entspannter und einfacher wird, ganz leicht, weil die Verbindung zwischen euch stimmt.

Worauf will ich hier eigentlich hinaus? Es ist einfach wunderbar, wenn du mit deinem Hund ganz bewusst kleine und große Abenteuer erlebst. Damit meine ich nicht, dass ihr jeden Tag eine neue Hundesportart ausprobiert oder einen Kurs nach dem anderen besucht. Es geht viel eher darum, dass ihr gemeinsame Momente habt, die euch beiden Freude machen.

Hier ein paar Beispiele: Gestalte eure Spaziergänge abwechslungsreich. Ein Teil wird zur Schnüffelrunde, bei dem dein Hund in Ruhe seine Welt entdecken darf, und ein Teil wird zum gemeinsamen Abenteuer, bei dem ihr miteinander experimentiert, spielerisch trainiert und einfach Spaß habt. Diese Mischung bringt Leichtigkeit, stärkt eure Verbindung und macht das Alltagsleben mit Hund richtig besonders.

Werde zum Schatzsucher

Probiere beim nächsten Spaziergang ruhig mal aus, selbst einen Schatz zu finden. Der Clou dabei: Du animierst deinen Hund nicht, sondern hockst dich einfach hin und beschäftigst dich, am besten sogar ein bisschen begeistert und vielleicht auch mal lautstark, mit dem, was du da gefunden hast.

Louis und Shadow haben den Spaß ihres Lebens, und das GEMEINSAM.

Trust the Dog

Das kann ein Stock sein, ein kleiner Ast oder vielleicht etwas, das du aus deiner eigenen Tasche zauberst, wie ein Knochen oder ein besonderes Spielzeug. Tu so, als wäre das dein persönlicher Goldfund.
Ganz wichtig dabei: Schau nicht zu deinem Hund, sprich ihn nicht an und winke auch nicht mit dem Schatz. Du bist voll und ganz mit DEINEM Fund beschäftigt. Dein Hund wird sicher neugierig, kommt gucken und will unbedingt wissen, was du da Spannendes machst. Und dann, warum nicht, lass ihn ruhig auch mal „übernehmen". Du wirst merken, spielst du das ein paar Mal, wird dein Hund dich beim Spaziergang nicht mehr aus den Augen lassen. Er möchte nämlich kein Abenteuer und keinen deiner neuen Schätze verpassen.

Gemeinsam ist das Geheimnis

Suche dir doch einfach mal einen Baumstamm und hüpfe zusammen mit deinem Hund darauf. Vielleicht schafft ihr es sogar, gemeinsam ein kleines Stück zu balancieren. Das bringt eine Menge Spaß und hält euch beide fit. Gemeinsam über irgendetwas klettern, durch etwas hindurchklettern, Schätze finden, zusammen rennen, auf dem Rasen liegen oder auch mal im Sand buddeln, das sind die Abenteuer, die euch zusammenschweißen und die viel wertvoller sind, als wenn du deinem Hund einfach nur ein ordentliches Sitz oder Platz beibringst.
Und wenn du solche Momente immer wieder mal in eure Spaziergänge einbaust, wird das nächste Kapitel ein Leichtes für euch. Ihr beide habt dann eine Basis aus Vertrauen, Freude und gemeinsamer Erfahrung geschaffen. Und genau das ist viel mehr wert als viele Übungsstunden, die nur um das perfekte Ausführen von einzelnen Signalen kreisen.

2

1 Warum soll der Hund immer alles alleine machen?

2 Gemeinsam bringt es doch viel mehr Spaß!

3 Pete liebt es, auf Baumstämme zu springen, das nutzt Nicole und übt das Sitz – Spiel und Lernen in einem!

1

3

Die Bedeutung von Führung: Mehr als nur „Gehorsam“

Ein harmonisches Mensch-Hund-Team lebt von Vertrauen, Respekt und echtem Verständnis füreinander. Ein wichtiger Baustein dafür ist, dass dein Hund lernt, dir zu folgen und sich führen zu lassen.

Das heißt natürlich nicht, dass du jetzt den Feldwebel spielen oder deinen Hund kleinmachen sollst. Vielmehr ist es deine Aufgabe, ihm Sicherheit zu geben, ihm in unserer manchmal ganz schön verrückten und für Hunde oft verwirrenden Welt Orientierung zu bieten und ihm Stück für Stück zu zeigen, wie das Zusammenleben für euch beide angenehm und entspannt läuft. Wer geführt wird und sich dabei sicher fühlt, kann sich viel besser auf das Abenteuer Mensch-Hund-Alltag einlassen.

Viele Hunde haben gelernt, hauptsächlich über die Leine zu kommunizieren, und zwar in beide Richtungen. Sie nehmen jeden kleinen Zug als Signal, selbst dann, wenn wir Menschen das vielleicht gar nicht so meinen. Oder sie versuchen mit vollem Körpereinsatz, durch Ziehen an ihr eigentliches Ziel zu kommen. Kein Wunder, dass dabei oft Missverständnisse entstehen. Da wird gezogen, gezerrt, gehalten, gebremst und manchmal kennt am Ende niemand mehr so richtig den Plan. Das Ergebnis ist leider oft Frust

Albert himmelt sein Frauchen an. Er folgt ihr freiwillig.

auf beiden Seiten und ein Verhalten, das wir uns so gar nicht wünschen. Umso wichtiger ist es, auf eine feinfühlige und klare Kommunikation zu setzen. Eine, die auf Vertrauen und gegenseitigem Respekt beruht. Führung bedeutet in diesem Zusammenhang, deinem Hund zu zeigen, dass du alles im Griff hast und er sich entspannt auf dich verlassen kann. Es geht darum, Entscheidungen für euch beide zu treffen und deinem Hund klar zu vermitteln, was du in verschiedenen Situationen von ihm erwartest.

»Wer hier souverän vorangeht, bekommt einen Hund, der gern folgt.«

Zauberhand: Der erste Schritt zum entspannten Folgen

Eine wirklich effektive und noch dazu lustige Übung, um deinem Hund das Folgen beizubringen, ist die berühmte „Zauberhand“. Hierbei setzt du deine Hand als Lockmittel ein und zeigst deinem Hund auf ganz entspannte Weise, in welche Richtung es geht.

Das schult nicht nur die Aufmerksamkeit deines Hundes, sondern stärkt auch eure Bindung und bringt obendrein ein bisschen Magie ins Training.

So geht's:

1. Vorbereitung: Nimm einen besonders schmackhaften Keks in deine Hand. Achte darauf, dass er klein und weich ist, damit dein Hund ihn schnell fressen kann.

2. Startposition: Halte den Keks in deiner geschlossenen Hand vor die Nase deines Hundes. Er sollte ihn riechen, aber nicht sofort bekommen.

3. Die Bewegung: Führe deine Hand langsam und bewusst in die Richtung, in die dein Hund gehen soll. Achte darauf, dass deine Hand nicht zu hoch oder zu niedrig ist, sondern sich auf Nasenhöhe deines Hundes befindet.

Henry ist zuerst noch skeptisch. Was soll eine Zauberhand sein?

1

2

3

Dein Hund sollte der Bewegung deiner Hand mit seiner Nase folgen.

4. Die Belohnung: Sobald dein Hund die gewünschte Bewegung ausgeführt hat, auch wenn es nur ein kleiner Schritt ist, öffnest du deine Hand und lässt ihn den Keks nehmen. Dabei darfst du dich ruhig freuen und strahlen, damit dein Hund merkt, dass er alles richtig gemacht hat. Du kannst sogar schon dann Marker setzen, wenn sich dein Hund in Bewegung begibt, das macht es für ihn noch eindeutiger. Nach dem Markersignal öffnest du deine Hand, und dein Hund erhält seinen Keks als Bestätigung.

5. Wiederholung und Variation: Wiederhole diese Übung mehrmals in kurzen Trainingseinheiten (ca. 5 – 10 Minuten). Variiere die Richtung, in die du deine Hand bewegst, und erhöhe nach und nach die Distanz.

6. Ausschleichen der Kekse: Reduziere die Keks-Gabe nach und nach, sobald dein Hund verstanden hat, was du von ihm möchtest. Du kannst Kekse auch durch ein Lobwort oder eine Streicheleinheit ersetzen. Wichtig ist, dass du deinen Hund weiterhin für seine Aufmerksamkeit und sein Folgen belohnst.

Die Zauberhand hilft deinem Hund, sich an deiner Körpersprache zu orientieren und auf deine Signale zu achten. Sie fördert die Konzentration und stärkt eure Bindung. Wenn dein Hund lernt, deiner Hand zu folgen, wird die Kommunikation zwischen euch beiden deutlich einfacher, klarer und entspannter. Du wirst merken, dass er dir auch in schwierigen Situationen leichter folgt, weil er gelernt hat, auf deine Signale zu vertrauen.

1–3
Henry hat gelernt, dass es sich lohnt, der Hand zu folgen. Merle achtet darauf, dass sie die Hand nicht zu hoch hält, damit er nicht springt und führt Henry somit mit der Zauberhand.

1

1 Nala kennt den Zauberstab als Nasentarget.

2 Kasper probiert es mal mit einem Kochlöffel – nehmt das, was ihr zu Hause habt.

Wichtig

Gehe lieber in kleinen Schritten vor. Halte das Tempo niedrig und fordere deinen Hund nicht zu schnell heraus – so bleibt er motiviert und lernt mit Spaß.

DIE ZAUBERHAND – JETZT MAL MIT „ZAUBERSTAB“

Hier kommt noch eine kleine, pfiffige Variante der Zauberhand, besonders praktisch für kleinere Hunde (wobei auch große Vierbeiner ihren Spaß daran haben). Dieses Mal nutzt du ein Hilfsobjekt: Vielleicht eine bunte Fliegenklatsche, einen Kochlöffel, einen Targetstick oder einen Stab mit integriertem Clicker – alles, was gut in der Hand liegt, ist erlaubt.

So baust du es auf:

1. Zaubereffekt: Starte mit dem Objekt hinter deinem Rücken – und dann, ganz magisch, „zauberst“ du es hervor. Jeder Blick in Richtung des Objekts, jede kleine Annäherung wird sofort gemarkert und belohnt. So gewinnt das Objekt für deinen Hund Bedeutung.

2

2. In Bewegung bringen: Bewege das Objekt vorsichtig und langsam. Folgt dein Hund mit dem Blick oder dreht sich in Richtung des Objekts, gibt es wieder das Markersignal und die Belohnung. Bleib ruhig und freu dich über jeden kleinen Schritt, den dein Hund macht.

3. Folgebewegung aufbauen: Jetzt verlängerst du immer mehr, wie lange dein Hund das Objekt verfolgen soll. Gib das Markersignal erst, wenn sich

3

3 So kann ich Kasper durch meine Beine führen.

dein Hund tatsächlich mitbewegt – auch wenn es nur ein kleiner Schritt ist. Das Ziel: Dein Hund lernt, dem Objekt wirklich aktiv zu folgen.

Lass den Zauber beginnen. Sobald dein Hund gemerkt hat, dass es sich richtig lohnt, deinem Objekt zu folgen, wird es Zeit, kreativ zu werden. Führe deinen Hund zum Beispiel mit dem Kochlöffel zwischen deinen Beinen hindurch, baue kleine Wendungen wie „Dreh dich" ein, übe eine „Acht durch die Beine“ oder probiere einfach aus, was euch beiden Spaß macht. Deine Fantasie kennt jetzt keine Grenzen. Wichtig ist nur, dass ihr beide Freude habt und das Training zu einem besonderen Erlebnis wird. Mit der Zauberhand oder dem Zauberstab wird sogar das scheinbar gewöhnliche Üben zu einem kleinen Showmoment. Und mal ehrlich, wer möchte nicht bei der nächsten Familienfeier damit prahlen?

„Ran“ – Die Ruheinsel an deiner Seite: Mehr als nur „Sitz“

Die sanfte Einladung an deine Seite. Ein weiterer wichtiger Baustein für ein entspanntes Miteinander ist die Übung, bei der dein Hund lernt, ganz ruhig und gelassen an deiner Seite zu sitzen.

Ich nenne das gerne „Ran“, aber du kannst dieses Signal natürlich nennen, wie du möchtest. Wichtig ist, dass dein Hund versteht, was du von ihm erwartest und dass du die Übung konsequent und positiv aufbaust. Ran ist nämlich weit mehr als nur eine Gehorsamsübung. Es gibt deinem Hund einen sicheren, ruhigen Platz direkt an deiner Seite. Gerade in stressigen Situationen hilft es ihm, sich auf dich zu konzentrieren, durchzuatmen und wieder zur Ruhe zu kommen. Das gibt euch beiden Sicherheit und stärkt nebenbei eure gemeinsame Verbindung. Außerdem ist „Ran“ für viele weitere Signale im Alltag unglaublich hilfreich. Du kannst daraus später wunderbar ein zuverlässiges „Fuß“ aufbauen. „Ran“ hilft dir aber auch im Alltag, zum Beispiel beim Begrüßen von Freunden, wenn du sicher über die Straße gehen möchtest oder bei einer Hundebegegnung, bei der dein Hund eng bei dir

1

2

bleiben soll. Es ist also ein echter Allrounder, auf den du immer wieder zurückgreifen kannst.

So bringst du deinem Hund das „Ran" bei:

1. Die Ausgangsposition: Dein Hund steht oder sitzt frontal vor dir. Am besten nutzt du die Zauberhand, um ihn an die richtige Position zu führen. Falls das mit der Zauberhand noch nicht so zuverlässig klappt, kannst du auch einen Keks als kleine Hilfe nehmen. Halte den Keks direkt vor seine Nase und leite ihn so an seinen Platz. Wichtig dabei: Verwende den Keks wirklich nur zum Einstieg und schau, dass du ihn möglichst schnell wieder ausschleichst. So lernt dein Hund, dir auch ohne ständig sichtbare Belohnung zu folgen.

2. Die Bewegung: Führe den Hund mit der Zauberhand in einem Halbkreis hinter dich und dann seitlich an deinem Bein vorbei, bis wieder nach vorne, sodass ihr am Ende beide in der richtigen Gehrichtung steht. Dein Hund wird dieser Bewegung folgen und sich dabei wie von selbst an deinem Bein orientieren. Du kannst dich gern leicht mitbewegen und dein Bein ein Stück nach hinten nehmen, um deinem Hund die Richtung und das Ziel noch klarer zu machen. So habt ihr beide es besonders einfach, gemeinsam loszugehen.

3. Der Clickmoment: Genau in dem Moment, in dem dein Hund dein Bein berührt, klickst du. Das ist

4

3

1 Zuerst steht der Hund frontal vor dir.

2 Du führst den Hund ...

3 ... in einem Halbkreis hinter dich.

4 Der Keks wird erst in der Position gegeben.

entscheidend! Der Clicker (oder dein Markersignal) markiert das exakte Verhalten, das du belohnen möchtest. Anfangs reicht es, wenn dein Hund dein Bein nur kurz berührt. Es muss nicht sofort ein perfektes „Sitz“ sein. Nach dem Marker bekommt der Hund seinen Keks.

4. Wiederholung macht den Meister: Wiederhole diese Übung mehrmals. Achte darauf, dass du die Bewegung immer gleich ausführst, damit dein Hund sie gut verstehen kann.

5. Das Sitzen kommt ins Spiel: Wenn dein Hund diese Halbkreis-Bewegung gut verstanden hat, kannst du, wenn dein Hund am Bein ist, deine Hand bzw. den Keks nach oben ziehen, sodass der Hund sich hinsetzt. Nun verlagerst du deinen Click-Moment: Du klickst in dem Moment, wo der Hund sich hinsetzt. Danach bekommt er seinen Keks.

6. Das Signal: Sobald dein Hund die Bewegung verstanden hat, kannst du ein Signalwort einführen, zum Beispiel „Ran“. Sage das Signal kurz bevor du die Bewegung mit dem Keks beginnst.

NÜTZLICHE TIPPS

Positive Verstärkung: Belohne deinen Hund für jedes richtige Verhalten mit Lob, Keksen oder Streicheleinheiten (Achtung: Nur, wenn Streicheln in dieser Situation für dein Hund wirklich eine Belohnung ist).

Geduld: Sei geduldig und erwarte nicht zu viel auf einmal. Jeder Hund lernt in seinem eigenen Tempo.

Kurze Trainingseinheiten: Halte die Trainingseinheiten kurz und abwechslungsreich, um die Motivation deines Hundes aufrechtzuerhalten.

1

1 Auch hier ist die positive Einstellung zum Training Gold wert.

2 Du kannst auch gerne mit deinem „Sitz“ noch ein bisschen „helfen“.

Vermeide Strafe: Bestrafe deinen Hund niemals, wenn er etwas falsch macht. Das führt nur zu Angst und Verunsicherung.

Filme dich: Schau dir mit dem Video an, ob DU die Bewegung korrekt ausführst. Häufig bekommt man gar nicht mit, dass man dem Hund mit der Körpersprache etwas anderes sagt.

FEHLER, DIE DU VERMEIDEN SOLLTEST

Unklare Körpersprache: Hunde sind Meister darin, unsere Körpersprache zu lesen. Wenn du selbst unsicher bist, wird es dein Hund auch. Übe die Bewegung ohne Hund, bis sie flüssig und klar ist. Achte darauf, dass deine Handbewegung eindeutig ist und du deinen Hund nicht versehentlich in die falsche Richtung führst.

Zu viel Vorwärtsbewegung: Achte darauf, dass dein Hund nicht zu weit

2

FLEISS ZAHLT SICH AUS!

DIE INVESTITION IN EINE HARMONISCHE ZUKUNFT

Nimm dir ausreichend Zeit und investiere Geduld in den Aufbau der Übungen „Zauberhand“ und „Ran“. Sei aufmerksam für die Signale deines Hundes und lobe ihn für jeden kleinen Fortschritt. Je besser dein Hund diese Übungen beherrscht, desto einfacher und harmonischer wird euer Zusammenleben sein. Diese Übungen sind das Fundament für eine vertrauensvolle Beziehung und eine entspannte Kommunikation zwischen dir und deinem Hund. Sie ermöglichen es dir, deinen Hund sicher und souverän durch den Alltag zu führen und ihm gleichzeitig die Freiheit zu geben, seine Persönlichkeit zu entfalten.

vor deinem Bein landet. Sonst verliert er den Bezug zu dir.

Ungeduld: „Ran“ ist eine Übung, die Zeit und Geduld erfordert. Sei nicht entmutigt, wenn es nicht sofort klappt. Bleibe positiv und motiviere deinen Hund.

SO PERFEKTIONIERST DU DAS „RAN“

Wenn dein Hund das „Ran“ zuverlässig ausführt, kannst du die Übung verfeinern:

Längere Haltezeit: Belohne deinen Hund nicht sofort, nachdem er sich an dein Bein gesetzt hat. Warte stattdessen ein paar Sekunden, bevor du clickst und ihm das Leckerli gibst. So lernt er, in der Position zu bleiben.

Ablenkungen: Übe das „Ran“ nicht nur in ruhiger Umgebung, sondern auch an Orten mit mehr Ablenkung. So stellst du sicher, dass dein Hund das Signal auch in schwierigen Situationen befolgt.

Das „Ran“ ist eine tolle Übung, die nicht nur Spaß macht, sondern auch das Vertrauen zwischen dir und deinem Hund stärkt. Und wer weiß, vielleicht ist es der erste Schritt zu einer perfekten Fußarbeit!

Das Ran ist quasi die Vorstufe vom „Fuß-Laufen“.

Führen mit Körpersprache: Mehr als nur „Hinterherlaufen“

Viele Hundehalter unterschätzen die Macht ihrer eigenen Körpersprache im Alltag. Dabei ist sie ein unglaublich wertvolles Werkzeug, um unseren Hunden klar zu vermitteln, was wir von ihnen möchten.

Oftmals konzentrieren wir uns auf verbale Signale, vergessen aber, dass Hunde Meister darin sind, unsere nonverbalen Signale zu lesen.

DAS DIAGONALE EINLADEN – KLEINER TRICK MIT GROSSER WIRKUNG

Stell dir vor, du möchtest deinen Hund über einen Baumstamm oder eine kleine Erhöhung führen. Bevor es losgeht, musst du deinen Hund zunächst einladen, auf die Erhöhung zu springen. Viele Hundehalter nutzen dafür automatisch die Hand auf derselben Seite wie der Hund. Geht dein Hund also rechts von dir, nimmst du die rechte Hand und versuchst, ihn nach oben zu lotsen. Probiere das gerne einmal aus und achte darauf, wie sich das für euch beide anfühlt. Oft wirkt es ein bisschen steif und für den Hund manchmal auch etwas unverständlich.
Viel eleganter und für deinen Hund meist sofort verständlich ist das diagonale Einladen. Das bedeutet, steht dein Hund rechts von dir, nimmst du die linke Hand oder den linken Arm, um ihm die Richtung zu zeigen.
Stell es dir so vor, als würdest du eine Tür für ihn öffnen und ihm mit dieser Geste auch gleich sagen: „Da geht es lang, spring ruhig rauf.“ Diese Art der Führung gibt deinem Hund ein gutes Gefühl von Klarheit und Sicherheit.

Probiere es mal so wie Bettina mit Albert: Sie lädt ihn freundlich ein mitzukommen.

Auch beim Runterführen von einer Erhöhung kannst du dieses Prinzip wunderbar anwenden. Nutze wieder den diagonal zum Hund liegenden Arm, um ihn ruhig zu führen oder zu ermutigen, nach unten zu springen. Du wirst merken, dein Hund zögert weniger, geht motivierter mit und fühlt sich einfach sicherer, weil er deine Bewegungen besser versteht.

Ich nehme meinen linken Arm, um Atticus einzuladen auf den Baumstamm zu springen.

WARUM FUNKTIONIERT DAS DIAGONALE EINLADEN SO GUT?

Die diagonale Führung hat mehrere Vorteile:

— **Klarheit:** Sie ist für den Hund visuell eindeutiger. Er kann deine Körpersprache besser interpretieren, da du ihm den Weg nicht „versperrst".

— **Vertrauen:** Durch die offene Körperhaltung vermittelst du deinem Hund Sicherheit. Er spürt, dass du ihn führst und ihm den Rücken freihältst.

Ich bleibe dabei aufrecht, ich habe keinen Keks in der Hand.

Hier nimmt Nicole die rechte Hand, weil sie Pete mit der linken Hand eher zu sich ziehen würde, dann würde der nicht so gerade balancieren.

– **Aufmerksamkeit:** Indem du deinen Hund aktiv führst, forderst du die Aufmerksamkeit deines Hundes ein. Er muss sich auf dich konzentrieren und deine Signale lesen.

MEHR ALS NUR DIE HAND: DER GANZE KÖRPER SPRICHT

Die Hand ist nur ein Teil deiner Körpersprache. Hunde achten sehr genau auf deine gesamte Körperhaltung, insbesondere auf deine Schultern. Auch hier gilt das Prinzip der Diagonalen: Möchtest du deinen Hund nach links lenken, drehe deine rechte Schulter leicht in diese Richtung. Dein Hund wird diese subtile Veränderung wahrnehmen und verstehen, was du von ihm möchtest.

DIE IDEALE POSITION: DEN HUND DIREKT NEBEN SICH FÜHREN

Wenn es darum geht, den Hund in einer geraden Linie neben sich zu führen, ist die diagonale Führung tatsächlich kontraproduktiv. Wir möchten, dass unser Hund aufmerksam und in korrekter Position neben uns läuft. Würden wir in dieser Situation die diagonale Hand einsetzen, würden wir ihn körpersprachlich eher dazu einladen, sich uns zuzuwenden oder gar vor uns zu laufen – was in dieser Übung ja nicht unser Ziel ist. Deshalb ist es sinnvoller, die Hand auf der gleichen Seite, auf der sich der Hund befindet, zu verwenden. Läuft der Hund also links von uns, nutzen wir die linke Hand, und wenn er rechts von uns geht, nehmen wir die rechte Hand. Auf diese Weise signalisieren wir ihm mit unserer Körpersprache, dass er geradeaus laufen und seine Position beibehalten soll. Wir zeigen ihm, dass er sich auf uns konzentrieren, aber eben nicht direkt auf uns zukommen soll.

Tipp

Indem du bewusst auf deine Körpersprache achtest und sie gezielt einsetzt, kannst du die Kommunikation mit deinem Hund deutlich verbessern. Es ist, als würdest du eine neue Sprache entdecken, die dein Hund von Natur aus versteht. Nutze diese Fähigkeit und werde zu einem noch besseren und verständnisvolleren Partner für deinen Vierbeiner.

Die Kunst des Kriechens – Körperkontrolle und Spaß unter Hindernissen

Das Kriechen ist nicht bloß ein niedlicher Trick für zwischendurch. Es ist eine richtig tolle Übung, die deinem Hund viel Körpergefühl abverlangt und dabei seine Konzentration schärft.

Ihr beide profitiert: Dein Hund trainiert viele verschiedene Muskeln, bleibt beweglich und lernt, sich bewusst zu bewegen. Und das Beste daran ist, ihr stärkt auch hier wieder „ganz nebenbei“ eure Bindung, weil ihr als Team zusammenspielt und euer Vertrauenskonto füllt sich. Ganz ehrlich, neben all dem Training macht das GEMEINSAME Kriechen einfach auch eine Menge Spaß. Es darf auch gerne mal gebattelt werden – wer kann besser und schneller kriechen? Bevor wir loslegen, ist es wichtig, dass dein Hund in der Lage ist, auf Signal zu liegen und idealerweise auch zu warten. Dieses Signal bildet das Fundament für das Kriechen.

So geht's Schritt-für-Schritt:

1. Die Ausgangsposition: Starte mit deinem Hund in der Liegeposition. Schau darauf, dass er ganz entspannt ist und dir seine Aufmerksamkeit schenkt. Ein ruhiger Start ist oft schon die halbe Miete.

1

2

1 Shadow wird vor die Stange ins Platz gelegt und mit einem Keks gelockt.

2 Louis gibt den Keks frei, wenn Shadow noch beim Kriechen ist.

2. Das Hindernis: Suche dir ein geeignetes Hindernis, das nicht zu hoch ist. Am Anfang reicht eine niedrige Bank, ein Hocker oder einfach deine Beine. Achte darauf, dass dein Hund bequem darunter durchkriechen kann, ohne sich verbiegen zu müssen.
3. Das Locken: Am besten ist hier natürlich wieder die Zauberhand. Klappt diese noch nicht nicht, dann nimm einen Keks in die Hand und führe ihn DICHT an der Nase deines Hundes vorbei. Bewege deine Hand langsam unter das Hindernis. Dein Hund soll dem Keks folgen und sich dabei richtig schön flach machen.
4. Der Marker: Sobald sich dein Hund unter dem Hindernis befindet, markiere das gewünschte Verhalten und gib ihm den Keks.
5. Keks ausschleichen: Wenn du bisher beim Training einen Keks benutzt hast und noch nicht mit der Zauberhand arbeitest, ist jetzt der richtige Zeitpunkt, den Keks auszuschleichen. Es sollte nun nur noch deine Handbewegung sein, ganz ohne Keks in der Hand.
6. Wiederholung: Wiederhole diese Schritte mehrmals.
7. Das Signal: Wenn dein Hund ohne zu zögern unter der Bank oder dem Hindernis hindurchkriecht, ist der perfekte Zeitpunkt gekommen, das Signal einzuführen. Leg deinen Hund entspannt ab, sage dein gewähltes Signal und zeige DANN ERST dein Sichtzeichen. Bei mir ist das übrigens eine Faust. So verknüpft dein Hund das neue Signal ganz eindeutig mit der Bewegung und versteht schnell, was du von ihm möchtest. Kriechen ist ein Trick, der viel Spaß macht.

TIPPS UND TRICKS FÜR EIN ERFOLGREICHES TRAINING

Geduld ist der Schlüssel: Nicht jeder Hund versteht sofort, was du von ihm willst. Sei geduldig und gib ihm Zeit, die Übung zu verstehen. Kleine, dafür häufige Trainingseinheiten sind effektiver als lange, frustrierende Sitzungen.
Körpersprache: Deine Körpersprache spielt eine entscheidende Rolle. Gehe selbst in die Hocke, um deinem Hund zu zeigen, was du von ihm erwartest. Senke deine Hand tief ab, um ihn zum Kriechen zu animieren.
Positive Verstärkung: Belohne jeden Fortschritt, auch wenn er noch so klein ist. Lob, Streicheleinheiten und natürlich Kekse sind tolle Motivatoren.
Abwechslung: Variiere das Training, indem du verschiedene Hindernisse verwendest oder die Richtung änderst, in die dein Hund kriechen soll. Das hält das Training interessant und fördert die Flexibilität deines Hundes.

Mit dem rechten Arm wird die Bewegung eher geblockt.

Körpersignale: Achte auf die Körpersprache deines Hundes. Wenn er Anzeichen von Stress oder Unbehagen zeigt, pausiere das Training und versuche es später erneut.

HÄUFIGE FEHLER UND WIE DU SIE VERMEIDEST

Zu hohe Erwartungen: Beginne langsam und steigere die Schwierigkeit allmählich. Überfordere deinen Hund nicht mit zu hohen Erwartungen.

Falsche Körpersprache: Achte darauf, dass deine Körpersprache klar und verständlich ist. Vermeide abrupte Bewegungen oder widersprüchliche Signale.

Überkorrektur: Bestrafe deinen Hund nicht für Fehler. Konzentriere dich stattdessen darauf, das gewünschte Verhalten zu belohnen.

Ablenkung: Wähle einen ruhigen Ort für das Training, an dem dein Hund nicht abgelenkt wird.

DAS KRIECHEN ALS TEIL DES TRAININGSALLTAGS

Das Kriechen ist eine vielseitige Übung, die du in verschiedene Aspekte des Trainings integrieren kannst. Du kannst es als Aufwärmübung vor dem Agility verwenden, als Entspannungsübung nach einem anstrengenden Spaziergang oder einfach als lustige Aktivität, um die Bindung zu deinem Hund zu stärken. Mit etwas Geduld und Konsequenz werdet ihr bald die Freude am gemeinsamen Kriechen entdecken.

Louis und Shadow – eine Freundschaft fürs Leben.

Das Markersignal beim Führen und Folgen

Beim Führen und Folgen geht es darum, dass ihr beide als echtes Team unterwegs seid. Du gibst die Richtung an und dein Hund lernt, sich aufmerksam an dir zu orientieren. Ziel ist eine harmonische und leicht verständliche Kommunikation zwischen euch.

Um das Ganze noch klarer zu machen, kannst du ein Markersignal nutzen, zum Beispiel einen Clicker oder ein passendes Markerwort. Damit weiß dein Hund immer ganz genau, wann er etwas richtig gemacht hat und das macht das gemeinsame Training nicht nur klarer, sondern auch richtig effektiv und schön für euch beide.

Präzision: Ein Markersignal markiert exakt das Verhalten, das du von deinem Hund möchtest. Im Bruchteil einer Sekunde weiß dein Hund: „Genau DAS ist richtig!“. Das ist besonders hilfreich, wenn es um subtile Bewegungen oder Positionen geht.

Aufmerksamkeit: Durch das Markertraining wird dein Hund noch aufmerksamer auf deine Körpersprache und deine Signale. Er lernt, sich auf dich zu konzentrieren, um das begehrte Markersignal und die anschließende Belohnung zu erhalten.

Motivation: Markertraining macht Spaß! Dein Hund lernt aktiv und mit Freude, weil er versteht, was du von ihm willst und er für richtiges Verhalten belohnt wird.

Wichtig

Führen ist immer die bessere Variante, als mit dem Hund über einen Leinenimpuls zu kommunizieren. Die Kombination aus Körpersprache und deiner Stimme ist für deinen Hund immer angenehmer und eure Beziehung profitiert langfristig davon.

1

1 Konzentriere dich auf deine Laufrichtung und vermeide den Blick auf den Hund.

2 Wenn er zu dir geflitzt kommt, wird er fürstlich belohnt.

3 Der Hund wird lernen, auf den Halter zu achten, und nicht umgekehrt.

2

3

So integrierst du das Markersignal beim Führen und Folgen:

1. Keks for free: Starte locker und lass mal etwas springen. Gib deinem Hund einfach ein paar Kekse: einfach so, weil er so süß ist. Schon hast du die erste Portion Aufmerksamkeit sicher auf deiner Seite.

2. Wirf den Keks: Jetzt wirfst du einen Keks auf den Boden. Dein Hund flitzt los, holt sich den Keks und schaut danach direkt zu dir rüber. Die meisten Hunde gucken nämlich sofort: Gibt es hier noch mehr zu holen?

3. Marker setzen: Jetzt kommt dein Moment. Sobald dein Hund zu dir schaut, gibst du sofort dein Markersignal. Am Anfang schaut er vielleicht nur, ob die Keksmaschine schon wieder läuft, aber das ist genau das Verhalten, das du fördern möchtest.

4. Belohnung: Nach dem Markersignal folgt umgehend die Belohnung. Je attraktiver die Belohnung für deinen Hund ist, desto besser. Das kann ein Keks sein, ein kurzes Spiel oder auch mal ein herzliches Lob. Denke daran: Finde DIE Belohnung DEINES Hundes!

5. Dreh dich etwas weg: Jetzt wird es noch spannender. Nachdem du den Keks geworfen hast und dein Hund auf dem Weg zum Keks ist, drehst du dich ein wenig um deine eigene Achse. Dein Hund muss jetzt aktiv werden, sich neu orientieren und wieder von selbst den Kontakt zu dir suchen. Kommt er zu dir, sucht deinen Blick, gibt es eine besonders großzügige Belohnung.

6. Fange alles ein: Mit der Zeit kannst du jede Form von Orientierung an dir einfangen. Das heißt: immer wenn dein Hund unterwegs zu dir schaut, gibst du ein Markersignal, egal ob er direkt an dir ist oder etwas Abstand hat. Die Belohnung kannst du deinem Hund auch gerne mal entgegenwerfen. Wichtig ist, dass du den exakten Moment der Orientierung markierst. Du wirst schnell merken: Je öfter du das machst, desto häufiger wird dein Hund sich von sich aus nach dir umdrehen und nachfragen, was als Nächstes passiert.

ÜBER STOCK UND STEIN – FÜHREN MIT SPASS UND ABWECHSLUNG

Führen und Folgen bedeutet nicht sturer Gehorsam auf dem Hundeplatz! Es ist vielmehr eine Lebenseinstellung, die du und dein Hund wunderbar in euren Alltag einbauen könnt. Und genau das macht es so wertvoll und effektiv. Denk mal darüber nach: Wie oft hast du im Alltag die Gelegenheit, mit deinem Hund zu interagieren und eure Beziehung zu stärken? Jede Gassirunde, jede kurze Pause im Park, jede Begegnung mit anderen Menschen oder Hunden bietet dir die Chance, das Führen und Folgen zu üben und eure Bindung zu vertiefen.

Es ist wirklich sinnvoll, das Führen und Folgen immer wieder im Alltag zu üben, zum Beispiel einfach mal bei einem Spaziergang durch den Wald. Stell dir vor, ihr beide schlendert gemeinsam über die Wege, und plötzlich liegt da ein umgestürzter Baumstamm. Anstatt einfach weiterzugehen, nutzt du diesen Moment und trainierst spielerisch: Du führst deinen Hund mit ruhiger Körpersprache über den Baumstamm, ermutigst ihn mit einem

Wichtig

Denk unbedingt daran: ERST kommt das Markersignal, DANN kommt der Griff in die Tasche, um die Belohnung zu holen. Du willst deinen Hund nicht mit dem Keks locken, sondern den richtigen Moment markieren, in dem er dir Aufmerksamkeit schenkt.

1

2

netten Ton, sich sicher zu bewegen, und belohnst ihn für seine Kooperation.
Solche kleinen Abenteuer sind Gold wert. Sie schaffen gegenseitiges Vertrauen, stärken eure Bindung und bringen eine extra Portion Lebensfreude in eure Beziehung. Und seien wir ehrlich, genau das ist es doch, worum es geht. Wenn ihr gemeinsam Spaß am Training habt, folgt dein Hund dir im Alltag viel lieber, ganz freiwillig und mit deutlich mehr Begeisterung, und schon sind wir wieder bei: **Hundeerziehung leicht gemacht.**
Herausforderungen annehmen: Nutze Baumstämme, Steine oder andere natürliche Hindernisse auf euren Spaziergängen, um das Führen und Folgen spannend und abwechslungsreich zu gestalten. Führe deinen Hund zum Beispiel über einen Baumstamm. Markiere und belohne ihn, wenn er sicher und voller Vertrauen balanciert. Der Spaß steht dabei immer im Vordergrund, denn die gemeinsamen Abenteuer machen euer Training erst richtig schön.
Integriere unterwegs ruhig mal eine Sitz-, Platz- oder Steh-Übung auf ungewöhnlichen Untergründen. Lade deinen Hund ein, z.B. auf einen Baumstamm zu steigen. Dort führst du ihn ein Stück über den Stamm, gibst ihm dann das Signal zum Sitz, markierst das ruhige Hinsetzen und belohnst ihn direkt dafür. Nach dem Auflösesignal könnt ihr gleich weiterziehen oder auch mal ein Platz ausprobieren.
Achtung: Denk daran, dass dein Hund die Signale „Sitz“, „Platz“ oder „Steh“ bereits auf verschiedenen Untergründen kennengelernt haben sollte. Arbeite mit viel positiver Bestätigung. Gerade am Anfang hilft manchmal eine kleine körperliche Unterstützung, damit dein Hund die ungewohnte Situation sicher meistert. Jede kleine Herausforderung, die ihr gemeinsam schafft, sorgt für mehr Vertrauen, Sicherheit und ganz viel Spaß. Das Vertrauenskonto klingelt nur so und füllt sich auf!

3

4

1 Atticus ist schön aufmerksam und macht „Sitz" auf dem Baumstamm

2 Ich habe keinen Keks in der Hand

3 Platz auf dem Baumstamm ist eine echte Koordinationsübung für den Hund.

4 Sitz, Platz und nun noch das Steh.

Die feine Kunst des Führens und Folgens – Zuhören will gelernt sein!

Im Alltag wünschen wir uns, dass unser Hund uns aufmerksam zuhört und auf unsere Signale reagiert. Besonders beim Spaziergang im Park, aber auch zuhause, wird es schnell viel entspannter, wenn der Hund wirklich versteht, worum es uns gerade geht.

Eine fantastische Möglichkeit, diese Kommunikation zu verfeinern und die Aufmerksamkeit deines Hundes zu trainieren, ist der gezielte Einsatz von klaren Signalen. Im letzten Kapitel hast du ja schon erfahren, wie du dein Markersignal einsetzt und genau das kannst du auch hier wunderbar verwenden.
Anstatt deinem Hund vage Anweisungen zu geben oder einfach nur zu hoffen, dass er schon versteht, worauf du hinauswillst, ist es wichtig, ihm ganz klar zu zeigen, **welches** Verhalten du gerade von ihm erwartest. Das sorgt nicht nur für bessere Aufmerksamkeit, sondern lässt deinen Hund auch viel schneller begreifen, was eigentlich Sache ist.

Kaspers Lieblingsposition:
Auf dem Baumstamm sitzen.

1

2

Wichtig: Achte unbedingt darauf, dass du immer **zuerst** das Signal gibst und **danach** die Belohnung hervorholst. Dein Hund soll nicht durch den Keks motiviert werden, sondern durch das Markersignal für sein korrektes Verhalten belohnt werden.

ÜBUNG: HÖRE MIR ZU – KÖRPERSPRACHE SPRICHT BÄNDE

Vielleicht hast du schon erlebt, dass dein Hund sich auf dem Spaziergang immer wieder für denselben Baumstamm oder die gleiche Bank begeistert und er dort dann ein gewisses Verhalten selbstständig wiederholt. Er springt zum Beispiel drauf (das ist übrigens immer Kaspers 1. Wahl).

1 Hier schicke ich ihn mit „Hopp" auf den Baumstamm

2 Ich bestätige Kasper im Sitzen

3 Hier schicke ich ihn HERUM.

4 Der gleiche Baumstamm, zwei Signale: Kasper muss mir zuhören.

4

3

1

2

3

1 Wir starten wieder im „Ran".

2 Hier sage ich Atticus, das er um das Hütchen herumlaufen soll.

3 Gleiche Ausgangsposition, nun möchte ich aber, dass Atticus auf den Reifen springt.

Hunden macht Wiederholung Spaß, keine Frage. In dieser Übung geht es allerdings darum, deinen Hund ein wenig aus seiner **Komfortzone** zu holen und ihm zu zeigen, dass aufmerksames Zuhören und Flexibilität gefragt sind, selbst wenn die Umgebung immer noch die gleiche ist. Mit klarer Körpersprache und gezielten Signalen forderst du deinen Hund liebevoll heraus, nicht automatisch das zu tun, was er kennt, sondern sich aktiv an dir zu orientieren und auf dich zu achten. So merkt dein Hund, dass Eintönigkeit im Alltag gar nicht sein muss und dass es sich lohnt, ganz genau auf dich und deine Signale zu hören. Ihr beide habt Spaß daran, immer wieder neue kleine Herausforderungen zu meistern, euer gemeinsamer Alltag wird abwechslungsreich, spannend und voller echter Kommunikation. Und das Beste: Wenn es so im Alltag klappt, dann wird es in „brenzlichen Situationen", wie z.B. einer Hundebegegnung, viel leichter sein, den Hund zu führen.

Du benötigst:

– Zwei unterschiedliche Objekte (z. B. ein Hütchen und einen Reifen).

– Belohnung (ich nehme hier stellvertretend Kekse, finde DU aber die Belohnung DEINES Hundes).

So geht's:

1. Ausgangssituation: Stelle die beiden Objekte in einiger Entfernung zueinander auf. Dein Hund befindet sich zwischen dir und den Objekten.

2. Körpersprache bewusst einsetzen: Hier kommt der Clou! Wir legen nicht im Vorfeld fest, welche Geste zu welchem Objekt gehört. Stattdessen nutzen wir unsere Körpersprache ganz intuitiv, um den Hund zu dem gewünschten Objekt zu führen. Das kann eine subtile Gewichtsverlagerung sein, eine Drehung des Oberkörpers oder das Andeuten einer Richtung mit der Hand.

3. Führen und Beobachten: Bewege dich so, dass dein Hund sich animiert fühlt, in Richtung des einen oder anderen Objekts zu gehen. Achte genau auf seine Reaktion. Wichtig:

4

5

Sprich nicht! Konzentriere dich voll und ganz auf deine Körpersprache.

4. Belohnen: Sobald dein Hund das richtige Objekt ansteuert oder die gewünschte Aktion ausführt, gibst du sofort das Markersignal und belohnst ihn.

5. Variationen: Wechsle die Objekte und Gesten ab. Achte darauf, dass du jedes Mal klar und eindeutig bist. Du kannst auch die Position der Objekte verändern, um die Übung noch anspruchsvoller zu gestalten.

4 Denkt immer daran, gemeinsam Spaß zu haben!

5 Macht „einfache“ Übungen zu einer Herausforderung, in der der Hund euch „zuhören“ muss.

ACHTE AUF KLARHEIT – VERMEIDE VERWIRRUNG

Sei dir deiner Körpersprache bewusst. Wenn du unklare oder widersprüchliche Signale gibst, kann dein Hund schnell verwirrt sein. Beispielsweise hebst du vielleicht den Arm so hoch, dass dein Hund Körperzeichen liest und brav auf den Reifen zusteuert, obwohl du eigentlich möchtest, dass er am Hütchen vorbeigeht. Am Ende weiß dein Hund überhaupt nicht mehr, was er jetzt tun soll. Das ist für ihn ziemlich gemein und führt oft zu Frust und unerwünschtem Verhalten, wie z. B. Bellen. Mach dir vor dem Training einmal klar, wie du mit dem Körper sprechen musst, damit dein Hund auch wirklich versteht, was gemeint ist.

Führen und Folgen im Alltag leicht gemacht

Wie du weißt, ist dieses Buch ein echtes Mitmachbuch. Mir ist wichtig, dass du und dein Hund gemeinsam aktiv werdet – denn Praxis vertieft eure Zusammenarbeit und macht richtig Spaß!

Deshalb habe ich dir hier ein paar abwechslungsreiche Mitmach-Ideen zusammengestellt, mit denen du das Führen und Folgen im Alltag überall und ohne viel Aufwand üben kannst. Führen und Folgen ist wirklich kein langweiliges Pflichtprogramm. Im Gegenteil, erst mit etwas Fantasie und Freude am gemeinsamen Üben wird es spannend und schön. Die Natur und dein Zuhause stecken voller Gelegenheiten für kreatives Training. Du brauchst keinen Hundeplatz, schon gar kein teures Gerät, sondern nur dich, deinen Hund und ein bisschen Lust aufs Ausprobieren. Vielleicht klingt es einfach: Der Mensch lockt seinen Hund um ein Hindernis. Doch aus meiner langjährigen Erfahrung weiß ich, viele stoßen hier an ihre Grenzen. Fürs sichere Lotsen deines Hundes sind Geduld, Übung und eine gute Koordination gefragt. Besonders am Anfang fordert das Körpereinsatz, Aufmerksamkeit und manchmal auch ein wenig Bauchgefühl.

HERUM – OHNE LOCKEN, SONDERN MIT FÜHRUNG

Starte den Trick unbedingt in einer völlig reizarmen Umgebung. Suche dir eine Stange, eine Gießkanne etc. und positioniere deinen Hund links von dir. Mache dann mit deinem rechten Bein einen Schritt schräg nach links vorn und führe deinen Hund mit deiner rechten Hand Richtung Kanne. Du blockierst also sozusagen den direkten Weg, sodass dein Hund an der linken Seite an der Kanne vorläuft. Sobald er mittig an der Kanne ist, kommt dein Markersignal. Damit bekommst du seine Aufmerksamkeit.

Wichtig

Achte darauf, den Hund nicht komplett um den gewählten Gegenstand zu locken. Bei einem Baum wäre das z. B. nicht möglich. Du arbeitest hier wirklich mit deinem Körper.

Nun verlagerst du das Gewicht auf dein rechtes Bein zurück, nimmst auch den Arm wieder zurück und öffnest deine rechte Schulter nach hinten. Damit ziehst du deinen Hund rechts an der Kanne oder Stange wieder zu dir. So hat dein Hund einmal komplett die Kanne umrundet. Den Keks bekommt er erst wieder bei dir auf der Ausgangsposition. Ich mache an dieser Stelle dann auch gerne gleich die Ran-Bewegung, damit mein Hund lernt: Wir starten und enden gemeinsam – und zwar immer wieder in der Ausgangsposition. Übungen mit so klaren Abläufen bringen Struktur ins Training und sorgen für Übersicht bei euch beiden.

1

2

1 Auch das Umrunden am Menschen ist eine tolle Übung. Ein Trick, der verbindet.

2 Ich ziehe Shadow wieder zu mir zurück. In diesem Moment clicke ich, den Keks gibt es erst nach dem Umrunden.

Hörsignal einführen

Wenn du deinen Hund später einmal mit einem Hörsignal schicken möchtest, achte unbedingt darauf, dass du das Signal, zum Beispiel „Herum", gibst, **bevor** du die Handbewegung machst. So kann dein Hund die beiden Signale richtig miteinander verknüpfen. Benutze gerne den CLAUDI-TRICK mit dem Festhalten der Hände (siehe Zeichnung auf Seite 67).

Wichtig dabei: Jede Richtung – also ob „links" oder „rechts" – ist für deinen Hund tatsächlich ein anderes Signal. Das heißt, du trainierst jede Variante einzeln.
Du wirst merken, mit so einem Trick kannst du wirklich viel Zeit verbringen. Das Schöne daran ist, er lastet deinen Hund wunderbar aus, macht richtig Spaß, stärkt ganz nebenbei eure Bindung und füllt wieder euer Vertrauenskonto. Als Bonus hast du gleich einen kleinen Partytrick in der Tasche. Auf der nächsten Familienfeier sorgst du garantiert für begeisterte Blicke – das ist echtes Teamwork zum Angeben.

1

1 Ich habe mir Ziegelsteine zum Slalom-Laufen aufgestellt.

2 Ich „drücke" Kasper mit meiner linken Seite in den Slalom.

2

Lust auf mehr?

Schwerer wird das „Herum", wenn du dich am Ende um 180 Grad auf der Stelle drehst. Und zwar so, dass dein Hund automatisch in einer Bei-Fuß-Laufen-Position bei dir ankommt. Oder du baust das „Bei-Fuß-Sitzen" im Laufen ein. Dazu nimmst du deinen Oberkörper nach hinten und bleibst stehen.

VERFEINERE DAS HERUMFÜHREN

Möchtest du, dass dein Hund dich wirklich versteht und auch mal ein bisschen mehr nachdenkt? Dann schick ihn doch um Dinge, die du in der Natur findest, herum, zum Beispiel um einen Baum, einen Pfahl, eine Bank oder einen großen Stein.

3

3 Ich „ziehe" ihn mit meiner rechten Seite aus dem Slalom.

Slalomparcours mit Alltagsgegenständen

Schnapp dir Stühle, Blumentöpfe, Steine oder was dein Haushalt und Garten so hergibt und baue einen kleinen Slalomparcours. Die Abstände bestimmst du selbst. Sie sollten so gewählt sein, dass dein Hund nachdenken und sich konzentrieren muss, aber trotzdem entspannt geführt werden kann. Du leitest deinen Hund körpersprachlich links am ersten Hindernis vorbei, holst ihn dann rechts wieder heraus, und so weiter – Schritt für Schritt. Starte ruhig erst mit nur zwei oder drei Hindernissen. Mit der Zeit kannst du steigern und schwieriger werden. Wichtig dabei ist: Hektik bringt euch nicht ans Ziel. Setze lieber auf Ruhe, Klarheit und kleine, machbare Schritte. So wird aus Führen und Folgen ein gemeinsames Erfolgserlebnis für euch beide.

Baue Stationen und pfiffige Herausforderungen ein

Überlege dir kleine Zwischenstopps, zum Beispiel eine Stelle, an der dein Hund für ein paar Sekunden stehen bleibt, sich setzt oder sich kurz hinlegt, bevor ihr zur nächsten Aufgabe übergeht. Nimm dafür verschiedene Untergründe, wie einen gefällten Baumstamm, einen großen Stein oder einen alten Stepper. Je abwechslungsreicher du es gestaltest, desto spannender bleibt das Training auch für deinen Hund. Denke daran, jede korrekte Ausführung zu markieren und deinen Hund zu belohnen.

KÖRPERSPRACHLICHE FÜHRUNG STATT ZIEHEN

Achte bei allen Übungen bewusst darauf, wirklich mit deinem Körper zu führen. Öffne und schließe die Schulter, blockiere liebevoll mit deinem Bein oder ändere gezielt deinen Bewegungsradius, um deinem Hund die gewünschte Richtung deutlich zu machen. Deine Leine bleibt dabei möglichst locker. Sie ist kein Steuerknüppel. Du wirst sehen, wie klar und effektiv körpersprachliches Führen ist. Und das Beste daran, du brauchst kein ständiges Reden oder hektische Zeichen.

Über einen Gegenstand führen

Probiere es mal ganz praktisch mit einer Tonne, einem stabilen Eimer oder einer umgedrehten Waschschüssel. Stelle dich neben deinen Hund. Führe ihn nun mit der Hand, die zu deinem Hund zeigt, ruhig und klar über das Objekt. Markiere gleich jeden kleinen Erfolg.

Rückruf über eine Hürde

Wenn du einen Rückruf über eine Hürde üben möchtest und keine Hürde parat hast, dann reichen auch zwei Wasserkisten mit einem Besenstiel darauf. Setze deinen Hund in das „Ran", in einem ausreichenden Abstand zur Hürde. Dann gehst du auf die andere Seite und rufst ihn ab. Wichtig dabei: Dein Hund sollte wirklich frontal zu dir sitzen. Nur dann wird der Absprung vernünftig und sicher gelingen.

1

2

1 Kasper und ich haben uns mit Alltagsgegenständen eine Hürde gebaut und wir starten mit dem „Ran".

2 Ich stelle mich Kasper gegenüber (hier schule ich gleich das Sitzen).

3

3 Kasper ist ein Meister in Hürden umwerfen – auch hier: vergesst nicht den Spaß an der Sache!

4 Ich rufe Kasper und lade ihn körpersprachlich ein, zu mir zu kommen.

KOMBINATIONSÜBUNG: UMRUNDEN, SPRINGEN UND KRIECHEN

Jetzt wird es abwechslungsreich. Hier kommt eine schöne Kombiübung, die gleich mehrere Elemente miteinander verbindet. Du beginnst mit deinem Hund in der Grundposition neben dir. Stell dich an die Hürde, gib deinem Hund das Signal und führe ihn schwungvoll über die Hürde. Dreht anschließend gemeinsam um und nehmt den Rückweg, dieses Mal soll dein Hund aber die Hürde umrunden, danach kannst du direkt das Signal fürs Kriechen einbauen und ihn unter die Hürde schicken.
So bringst du richtig Bewegung und Abwechslung ins Training, hältst deinen Hund bei Laune und stärkst gleichzeitig eure Zusammenarbeit. Kombiniere nach Lust und Laune – jedes neue Element bringt euch als Team weiter und sorgt für jede Menge Spaß.

4

BLEIB KREATIV!

Habe Spaß und probiere verschiedene Situationen aus. Je abwechslungsreicher und freundlicher du das Training gestaltest, desto stärker werden euer Vertrauen und eure Bindung. Und ganz nebenbei wird die Leinenführigkeit auf Spaziergängen immer entspannter!

Sei ein Star, mach dich rar – Aufmerksamkeit spielerisch fördern

Wir alle kennen das: Dein Hund läuft draußen voller Begeisterung durch seine eigene Welt, schnüffelt hier, markiert dort, und all deine Rufe sind scheinbar nur leise Melodien im Wind.

Doch statt in einen Kampf um Aufmerksamkeit zu geraten, können wir die natürliche Neugierde und das Bedürfnis nach Bindung deines Hundes nutzen. Wie? Mit dem Spiel **„Sei ein Star, mach dich rar"**. Der Name klingt vielleicht ein wenig dramatisch, aber die Idee dahinter ist umso einfacher: Wir werden spannend, indem wir nicht ständig verfügbar sind und Anweisungen erteilen.

Bis jetzt haben wir oft darüber gesprochen, wie du deinen Hund zu bestimmten Orten führst und ihn leitest. Jetzt geht es darum, dass er dir freiwillig und mit Begeisterung folgt. Wenn es dir gelingt, dass dein Hund mit Freude auf dich achtet, deine Nähe sucht und dir aus eigenem Antrieb folgt, werden eure gemeinsamen Spaziergänge noch wertvoller und angenehmer. Mir ist es besonders wichtig, dass diese Entscheidung von **deinem Hund** kommt – dass er wirklich aus **eigenem Antrieb** bei dir bleiben möchte.

So geht's:

1. Sicherer Rahmen: Wähle für den Anfang einen sicheren, eingezäunten Bereich, in dem dein Hund sich frei bewegen kann, ohne wegzulaufen. Das kann dein Garten sein oder eine eingezäunte Hundewiese.

2. Umdrehen und losgehen: Anstatt deinen Hund zu rufen, drehst du dich einfach um und gehst in die andere Richtung. Wichtig: Vermeide es, deinen Hund dabei ständig anzusehen. Mach dein eigenes Ding, sei ganz bei dir.

3. Gehe in die Hocke: hock dich, mit dem Rücken zum Hund hin und

beschäftige dich mit dir selbst. Du kannst auch so tun, als hättest du einen Schatz gefunden. Dabei darfst du dich ruhig lautstark freuen.

4. Abwarten und beobachten: Dein Hund wird wahrscheinlich zunächst irritiert sein. Erwarte nicht, dass er sofort folgt. Lass ihm Zeit, sich zu orientieren und seine Entscheidung zu treffen.

5. Loben und belohnen: Sobald dein Hund sich dir zuwendet und dir folgt, lobe ihn ausgiebig und belohne ihn mit einem Kecks. Das Timing ist hier entscheidend: Bestätige ihn in dem Moment, in dem er deine Nähe sucht.

6. Variationen: Wenn dein Hund verstanden hat, worum es geht, kannst du die Übung variieren. Gehe um Ecken, verstecke dich kurz hinter einem Baum oder ändere dein Tempo. So bleibt das Spiel spannend und dein Hund lernt, sich noch besser an dir zu orientieren.

1

2

3

1 Tu so, als würdest du einen Schatz finden.

2 Der Hund wird **nicht** gerufen, du freust dich über den Schatz.

3 Dann kannst du ihn aber gerne mit deinem Hund teilen.

WICHTIGE HINWEISE

Nicht rufen! Das A und O dieser Übung ist, dass du deinen Hund nicht rufst. Das Ziel ist, dass er von allein auf die Idee kommt, dir zu folgen. Lass ihn selbst den Entschluss fassen, dass es sich lohnt, bei dir zu bleiben.

Individuell anpassen: Jeder Hund ist einzigartig. Während manche Vierbeiner die Übung sofort begeistert annehmen, benötigen andere etwas mehr Zeit, um zu verstehen, was wir eigentlich von ihnen wollen. Passe die Übung an das Lerntempo und die Persönlichkeit deines Hundes an, um den bestmöglichen Erfolg zu erzielen.

Nicht immer belohnen: Zu Beginn der Übung solltest du noch jedes Mal belohnen, wenn dein Hund dir von sich aus folgt. Sobald er das Prinzip verinnerlicht hat, kannst du die Häufigkeit der Belohnungen reduzieren. Manchmal reicht ein einfaches Lob oder ein kurzes Spiel, um ihm zu zeigen, dass er alles richtig gemacht hat. Schau dir an dieser Stelle noch einmal deine Belohnungsliste vom Buchanfang an. Wichtig ist, nicht ständig Kekse zu verteilen, sondern gemeinsam mit deinem Hund die Welt zu erkunden. Ein gemeinsames Abenteuer verbindet euch auf eine sehr nachhaltige Weise und stärkt eure Beziehung mehr, als es die besten Kekse alleine je könnten.

Aufmerksamkeit ist der Schlüssel: Das Ziel ist, dass dein Hund lernt, sich an dir zu orientieren, auch wenn in seiner Umgebung spannendere Dinge locken. Sei geduldig und freue dich über jeden kleinen Fortschritt, den er macht.

Mit dem Spiel „Sei ein Star, mach dich rar" förderst du die Aufmerksamkeit deines Hundes auf spielerische Weise und stärkst gleichzeitig eure Bindung. Es ist eine wunderbare Möglichkeit, ihm beizubringen, dass es sich lohnt, auf dich zu achten, selbst wenn die Welt draußen noch so aufregend ist. Und wer weiß, vielleicht wirst du auf diesem Weg für deinen Hund zum absoluten Mittelpunkt – eben zu einem echten Star!

Lass die Hunde auf dich achten – sie dürfen ruhig mal hinter dir hinterherlaufen.

Kasper schaut mir nach – er achtet auf mich.

Damit dein Hund sich wirklich gerne an dir orientiert und gerne mit dir unterwegs ist, braucht es mehr als gute Übungen. Es braucht echte Verlässlichkeit, gemeinsames Erleben und Vertrauen im Alltag. Die folgenden Tipps helfen dir, die Verbindung zu deinem Hund im täglichen Miteinander zu stärken:

– Bleibe berechenbar und transparent.

– Leite deinen Hund, besonders bei (für den Hund) aufkommender „Gefahr".

– Zeige deinem Hund, dass er sich auf dich verlassen kann.

– Spiele mit deinem Hund, am besten ohne Equipment.

– Massiere ihn, wenn er es offensichtlich genießt, so oft es geht.

– Stelle dich vor ihn und beschütze deine Fellnase.

– Kenne seine Vorlieben und belohne ihn mit Belohnungen, die für ihn auch wirklich in dem Moment lohnenswert sind.

– Erlebe mit deinem Hund Abenteuer.

– Sei für ihn da, wenn er dich braucht.

Grenzen schaffen Sicherheit

Du kannst deinen Hund nur dann wirklich führen, wenn du ihm auch eine Grenze zeigen kannst. Und damit meine ich eine Grenze, die für deinen Hund nachvollziehbar ist. Sie muss klar, deutlich und vor allem fair sein.

Grenzen sollen Orientierung bieten und nicht das Vertrauenskonto zwischen euch belasten. Dein Hund fühlt sich trotz Grenze (bzw. gerade wegen dieser Grenze) sicher und verstanden.

VERTRAUEN DURCH KLARE GRENZEN

Ich erinnere mich an einen Fall, der mir besonders im Gedächtnis geblieben ist. Ein junger Retriever-Rüde stand im Mittelpunkt. Seine Besitzerin hatte mich um Unterstützung gebeten, weil ihr Hund ständig in die Leine sprang, auf Signale nicht hörte, Probleme bei Hundebegegnungen hatte und sogar einmal geschnappt hatte. Schon als ich zur Tür hereinkam, versuchte er, dieses Verhalten auch bei mir zu zeigen. Doch ich setzte ihm sofort eine klare Grenze – und das ganz ohne Worte. Mit meiner Körpersprache beanspruchte ich meinen Raum: klar, ruhig, aber bestimmt. Ich blieb bei meinem Vorhaben und kommunizierte klar und deutlich. Wichtig war, dass ich dabei niemals aggressiv wurde, sondern einfach nur konsequent. Das Ende vom Lied war, dass dieser junge Rüde mir innerhalb von nur wenigen Minuten so sehr vertraute, dass er sich hinter mich ablegte, und während ich mich mit seiner Besitzerin unterhielt, ganz ruhig war.
Diese Geschichte verdeutlicht, dass viele Hunde, die zu viel Verantwortung tragen, förmlich „lost" sind. Sie wissen nicht, wo sie hingehören, und haben keinen Halt. Es tut ihnen gut, wenn wir ihnen klare Grenzen aufzeigen. Denn dann müssen sie sich nicht mehr um Dinge sorgen, die außerhalb ihrer Kompetenz liegen.

Wenn wir klar und ruhig Grenzen aufzeigen, schaffen wir Vertrauen. Dein Hund weiß, woran er ist, kann sich an dir orientieren und fühlt sich sicher. Er erkennt, dass du die Führung und Verantwortung übernimmst, was ihm wiederum den Druck nimmt, alles selbst regeln zu müssen.
Es liegt in unserer Verantwortung, unseren Hunden Sicherheit zu geben und ihnen zu zeigen, dass sie sich auf uns verlassen können. Indem wir klare, liebevolle Grenzen setzen, bieten wir ihnen einen verlässlichen Rahmen, innerhalb dessen sie sich sicher und geborgen fühlen können.

Wichtig

Viele Hundehalter haben Bedenken, ihrem Hund klare Grenzen zu setzen, weil sie befürchten, ihm damit wehzutun. Doch es ist entscheidend zu verstehen, dass „Grenzen setzen" nichts mit Aggression zu tun hat, sondern mit klarer und deutlicher Kommunikation.

Hier setze ich Kasper ein klare Grenze, ohne aggressiv zu sein.

1 Hier bringe ich Kasper dazu sich hinzusetzen. Nur mit meiner Körpersprache.

2 Ich bin hier deutlich, aber überhaupt nicht böse. Kasper kann mich gut lesen und weiß, was ich von ihm möchte.

ÜBERNIMM DIE VERANTWORTUNG

Wisst ihr, was ich oft beobachte? Hunde, die in Rollen gedrängt werden, denen sie einfach nicht gewachsen sind. Sie versuchen, Situationen zu kontrollieren und zu regeln, für die sie gar nicht zuständig sein sollten. Das ist häufig der Beginn von Stress, Unsicherheiten und unerwünschtem Verhalten.

Das eigentliche Problem liegt darin, dass viele Hunde das Gefühl haben, sie müssen die Verantwortung übernehmen, weil ihre Menschen es nicht tun. Sie fühlen sich verpflichtet, zu beschützen, zu kontrollieren und Entscheidungen zu treffen. Doch eigentlich ist das nicht ihre Aufgabe!

Die Wahrheit ist, dass viele Hunde deutlich ruhiger und entspannter werden, wenn sie endlich nichts mehr regeln müssen. Wenn sie die Verantwortung abgeben dürfen und sich auf ihren Menschen verlassen können, fällt eine riesige Last von ihren Schultern. Sie fühlen sich sicherer, weil sie wissen, dass jemand anderes die Führung übernimmt.

Indem wir als Halter die Verantwortung tragen, bieten wir unseren Hunden die Möglichkeit, einfach Hund zu sein – ohne den Druck, die Welt koordinieren zu müssen. Das stärkt nicht nur ihr Wohlbefinden, sondern auch unsere gemeinsame Beziehung. Also, übernimm die Führung und schenke deinem Hund die Sicherheit, die er verdient. Er wird es dir mit Vertrauen und Gelassenheit danken.

Sei der Superheld für deinen Hund!

WÄHLE DIE RICHTIGE ENERGIE

Bevor du versuchst, deinen Hund in einer Begegnung mit anderen Hunden einzuschränken oder körpersprachlich zu lenken, übe in einer Umgebung ohne Ablenkungen durch andere Hunde. Beginne in einem

Hier sage ich Nala, dass sie bitte nicht an mir vorbeilaufen soll.

Bereich, wo dein Hund nicht so leicht links oder rechts „ausbrechen“ kann – ein schmaler Flur oder eine Wand können dafür ideal sein.

Dein Hund muss lernen, dich ernst zu nehmen, und das gelingt nur, wenn du eine positive und selbstsichere Energie ausstrahlst, die er spüren und dir abnehmen kann. Er sollte merken, dass du die Situation im Griff hast und er sich auf dich verlassen kann. Hier darfst du aber keinerlei Wut oder Ärger ausstrahlen! Es geht nicht darum, den Hund „klein“ zu machen oder gar zu bestrafen. Wir wollen ihm nur körpersprachlich eine Grenze setzen, ihm zeigen: „Hey, ich kümmere mich darum, du kannst dich entspannen.“ Er wird es dir nur glauben, wenn er weiß, dass du zu 100 % konsequent bist. Wenn du einmal eine Grenze setzt, musst du sie auch durchsetzen. Sonst lernt er, dass er dich nicht ernst nehmen kann und muss.

Wichtig

Der Zweck dieser Übung ist nicht, deinen Hund zu dominieren oder zu unterdrücken. Es geht darum, ihm Sicherheit zu geben und ihm klar zu zeigen, dass du die Verantwortung für sein Wohlbefinden übernimmst. Wenn dein Hund spürt, dass du die Kontrolle hast, kann er sich entspannen und einfach Hund sein. Deine Führung gibt ihm die Freiheit, loszulassen und sich in deiner Gegenwart sicher und geborgen zu fühlen.

Körpersprachlich Sicherheit geben: Den Hund leiten

Jetzt geht es darum, wie du deinen Hund leitest und ihm zeigst, dass du die Situation fest im Griff hast. Gerade das gibt deinem Hund Sicherheit und zeigt ihm, dass er sich in jeder Lage auf dich verlassen kann.

Vielleicht kennst du das Gefühl, dass deine Körpersprache nicht so richtig bei deinem Hund ankommt. Manchmal hat man das Gefühl, der eigene Hund nimmt einen nicht ernst oder versteht einfach nicht, was man von ihm möchte. Das kann an kleinen Fehlern liegen, zum Beispiel weil du dich zu weit nach vorne beugst oder das Timing nicht ganz passt.
In solchen Momenten kann es passieren, dass dein Hund deine Signale einfach ignoriert und an dir vorbeizieht. Hier kannst du dir ruhig die Leine als Hilfsmittel nehmen, um das räumliche Leiten zu üben und deinem Hund noch klarere Signale zu geben.
Steigere die Schwierigkeit langsam. Wenn du in den kleinen Momenten und immer wieder im Alltag dieses Leiten einbaust, wird dein Hund es immer schneller und immer besser verstehen. Mit der Zeit wirst du merken, dass du immer weniger Bewegung und immer weniger Unterstüt-

Wichtig

Wir kommunizieren **nicht** über die Leine! Die Leine ist nur ein Werkzeug, damit dein Hund bei dir bleibt. Halte sie einfach ruhig fest, ohne daran zu zerren oder zu rucken.

Starte am besten mit einer einfachen Alltagssituation, in der du deinen Hund gut kontrollieren kannst. Starte nicht gleich mit dem schwierigsten Reiz, sondern mit einer leichteren Herausforderung. Das kann zum Beispiel das Durch-die-Tür-Gehen sein oder eine andere Alltagssituation, in der dein Hund nicht allzu aufgeregt ist.

Ich möchte gerade nicht, dass Kasper über diese Kante geht.

Nina gibt Käthe ein klares Stoppsignal.

zung brauchst. Oft reicht schon ein leichtes Vorwärtsnehmen der Schulter, ein aufmerksamer Blick oder eine ruhige Handbewegung – schon weiß dein Hund, wie er sich verhalten soll. Manchmal genügt sogar nur eine kleine Veränderung in deiner Körperhaltung, zum Beispiel die Brust leicht nach vorne geschoben, und euer Zusammenspiel funktioniert wunderbar.

Das Ziel bei dieser Übung ist, dass du deinem Hund wirklich klar und deutlich zeigst, dass du ihn führst und ihm den Weg weist. Du gibst ihm Sicherheit und beweist ihm, dass die Verantwortung bei dir liegt. Dein Hund lernt so, dass er sich entspannt anlehnen kann und du in jeder Situation die Orientierung bietest.

DER ULTIMATIVE TIPP: DIE WAHRHEIT LIEGT IM VIDEO

Hier kommt ein ultimativer Tipp von mir, der dir wirklich die Augen öffnen wird. Ganz oft sind wir überzeugt, dass unsere Körpersprache ganz klar bei unserem Hund ankommt. Doch manchmal ist das wie beim Sport. Vielleicht kennst du die Situation: Du machst eine Rückenübung, der Trainer sagt „Mach mal den Rücken gerade“ und eigentlich bist du dir sicher, der Rücken ist schon kerzengerade. Dann ein Blick in den Spiegel, und zack merkst du, da geht noch einiges.

Genauso läuft das auch beim Arbeiten mit deinem Hund. Wir denken oft, unsere Signale sind klar und deutlich, doch für den Hund sieht das manchmal ganz anders aus. Deshalb mein Tipp für dich: **Filme dich beim Üben!** Hol das Handy raus oder eine kleine Kamera und halte einfach mal fest, was du da tust. Schau es dir danach ganz in Ruhe an.

Du wirst überrascht sein, wie bzw. WAS du wirklich „sprichst“ – mit deinem Körper. Plötzlich erkennst du, warum dein Hund dies oder das macht oder eben auch nicht macht. Kleine, oft unbewusste Bewegungen machen den Unterschied. Vielleicht beugst du dich viel mehr nach vorne, als du gedacht hast oder deine Hand schweift ein bisschen zu wild herum. Die Videoanalyse ist wie ein ehrlicher Spiegel, der die Details zeigt, die uns meist entgehen. Und erst wenn du weißt, wie du wirklich agierst, kannst du etwas verändern und deinen Hund mit klaren Signalen unterstützen.

Die Sprache deines Körpers: So führst du deinen Hund nonverbal

Vergiss alles, was du je über laute Signale oder das Rucken an der Leine gehört hast. Die wirklich wichtige Kommunikation mit deinem Hund läuft viel leiser ab, und zwar durch deine Körpersprache.

Dein Körper ist für deinen Hund wie ein offenes Buch, aus dem er ständig liest. Wenn du lernst, diesen Körper-Code bewusst einzusetzen, eröffnest du dir und deinem Hund eine ganz neue Ebene des Verstehens. Eure Zusammenarbeit wird feiner, das Miteinander ehrlicher und das Training plötzlich viel leichter.

WORAUF KOMMT ES AN?

1. Deine innere Haltung – Die Basis für alles:

Aufrichtung: Stell dich aufrecht hin, ruhig und zentriert. Eine aufrechte Haltung signalisiert Präsenz und Führungsqualität. Es ist, als ob du sagst: „Ich bin hier, ich bin stark, ich habe alles im Griff, ich beschütze dich".

Offene Schultern: Vermeide es, dich zu „verstecken" oder dich klein zu machen. Dein Hund orientiert sich an deiner Energie. Zeige ihm, dass du selbstbewusst und offen bist.

Blickführung: Starre deinen Hund nicht an! Das kann als Bedrohung wirken. Richte deine Aufmerksamkeit stattdessen je nach Ziel aus. Schaue in deine Laufrichtung: Wo soll es hingehen?

2. Bewegungsrichtungen – Mehr als nur Schritte:

Seitliches Eintreten: Wenn du möchtest, dass dein Hund anhält oder die Richtung ändert, geh frontal vor ihn, um ihn körpersprachlich zu stoppen. Führe diese Bewegung fließend, aber bestimmt aus, ohne abrupt oder aggressiv zu werden.

Nach vorne gehen = Druck: Wenn du direkt auf deinen Hund zugehst, erzeugst du Druck. Er soll weichen oder stehen bleiben. Je schneller oder direkter du dich bewegst, desto stärker wird der Druck wahrgenommen. Denk daran: Weniger ist oft mehr! Kenne deinen Hund und fühle, wieviel „Druck" hier wirklich benötigt wird. Denke daran, wir haben eine klare Energie, sind aber keinesfalls aggressiv dabei

Rückwärts gehen = Einladung: Wenn du dich von deinem Hund wegbewegst, ziehst du ihn energetisch mit. Es ist wie eine Einladung: „Komm mit!". Diese Bewegung ist offen, freundlich und einladend. Machst du es richtig, folgt der Hund ganz automatisch.

3. Dein Körper als Dialog – Mehr als nur Signale:

Oberkörper drehen: Eine leichte Drehung zur Seite kann bedeuten: „Ich nehme dich mit." Eine klare Front zum Hund kann bedeuten: „Stopp, hier bleibst du!"

Tempo und Rhythmus: Schnelleres Gehen wirkt treibend oder aktivierend. Langsames, ruhiges Gehen wirkt beruhigend und strukturierend.

1

2

1 Du kannst deinen Hund auch mit ein wenig Druck am Brustkorb stoppen.

2 Bei Nala reicht hier ein Eindrehen und sie weiß, dass es nicht an mir vorbeigeht.

Nina zeigt Käthe den Weg – da geht es bitte lang.

Handeinsatz minimal: Lass deine Arme locker hängen oder zeige durch kleine Bewegungen die Richtung an. Übermäßiges Gestikulieren stört die Klarheit deiner Körpersprache.
Stell dir vor, dein Hund bleibt stehen und du möchtest, dass er wieder mit dir weiterläuft. Versuche es mal ganz ohne Worte. Statt ihn anzusprechen, arbeite nur mit deiner Körpersprache. Gehe ein Stück rückwärts oder leicht seitlich und öffne dabei deinen Körper, indem du deine Schulter in die Richtung drehst, in die ihr gehen sollt. Dein Blick bleibt locker und geht sanft in die gewünschte Richtung, statt deinen Hund starr anzusehen. Drehe deinen Oberkörper leicht weg – das ist wie eine leise Einladung für deinen Hund, dir zu folgen. Meistens klappt das dann ganz ohne Worte. Dein Hund wird mitkommen, einfach weil deine Körpersprache alles sagt, was er wissen muss.

DEINE ENERGIE IST ENTSCHEIDEND

Zu meinem Alltag als Hundetrainerin gehört es leider dazu, dass ich immer wieder höre, wie frustriert und verzweifelt manche Menschen sind, weil ihr Hund eine gesetzte Grenze einfach nicht akzeptiert. Vielleicht kennst du das auch: Du möchtest deinem Hund ein klares Stopp setzen, versuchst, ihn körpersprachlich zu bitten, nicht nach vorne zu gehen – und er schiebt sich einfach seitlich um dich herum. Oder du denkst, du hast eine Grenze gesetzt, aber ein paar Minuten und ein paar Meter später stehst du weit entfernt von dem Ort, an dem ihr eigentlich gestartet seid.
An dieser Stelle werde ich häufig gefragt: „Warum klappt das denn nicht? Was macht mein Hund da eigentlich? Und in aller Ehrlichkeit, meistens liegt es nicht am Hund. Ganz oft fehlt an dieser Stelle einfach die klare und überzeugende Energie vom Menschen. Der Hund merkt sofort, wenn du dir nicht ganz sicher bist oder die Grenze nur halbherzig setzt. Viele Hunde nehmen diese Grenze nicht ernst, weil sie für sie nicht eindeutig oder verbindlich wirkt. Körpersprachliche Grenzen brauchen eben Klarheit und die richtige Ener-

gie. Nur dann wird dein Hund sie auch ernst nehmen und respektieren. **Warum ist das so?** Es kann mehrere Gründe geben. Vielleicht hat dein Hund noch nie erlebt, dass du freundlich und klar, **aber bestimmt**, eine Grenze setzen kannst. Oder er hat schlechte Erfahrungen gemacht – entweder warst du vielleicht zu forsch und abrupt oder viel zu unsicher und zaghaft. Wenn du deinen Hund zu streng behandelst, schreckt er zurück und macht zu; bist du zu weich und unklar, nimmt er die Grenze oft gar nicht wahr.

Vielleicht hilft dir folgendes Beispiel

Stell dir vor, ein Mensch möchte dich daran hindern, vom Bürgersteig auf die Straße zu gehen. Wenn dieser Mensch dich mit einem Riesen-Schubser zu Boden wirft, ist das zu viel – du würdest vermutlich erschrecken und ihm vielleicht ausweichen wollen. Wenn er aber unsicher an dir herumtätschelt und mit leiser Stimme flüstert: „Bitte, geh nicht auf die Straße …", nimmst du ihn wahrscheinlich gar nicht wahr, geschweige denn die Grenze. Wirklich präsent wird die Grenze, wenn dir dieser Mensch selbstsicher gegenübertritt: Er strafft die Schultern, streckt die Hand klar nach vorne, schaut dich ernst an und gibt dir mit seiner ganzen Körpersprache und einem klaren „Stopp" zu verstehen: Bis hierher, und nicht weiter. Du wirst in diesem Moment stehen bleiben – nicht, weil du Angst hast, sondern weil du dich genau verstehst, was er von dir möchte, der Mensch ist klar und deutlich.

Genau da liegt der Kern: Achte bei deinem Hund genau darauf, wie viel und welche Energie du verwendest. Mit zu viel Nachdruck wird es unangenehm und unfair, mit zu wenig Energie nimmt dein Hund dich nicht ernst. Übe, Grenzen ruhig, klar und selbstverständlich zu setzen. Du wirst merken, dass sich dadurch vieles von selbst einrenkt. Erst wenn du die Situation sicher führst, wird dein Hund deine Grenze wirklich respektieren.

Wenn du deine Arme benutzt, dann bringe Spannung rein.

DIE LEINEN-FÜHRIGKEIT

IM TEAM UNTERWEGS

DAS ZIEL

Die Leinenführigkeit klappt bei Bettina und Albert inzwischen auch ohne Leine.

Dein individueller Weg zum entspannten Spaziergang

Du hast dich bestimmt schon gefragt, wann endlich das Thema Leinenführigkeit dran ist. Tadaaa, jetzt ist es so weit! Natürlich darf die gute und entspannte Leinenführigkeit in meinem Buch nicht fehlen, schließlich ist sie ein wichtiger Baustein von Hundeerziehung leicht gemacht.

Jeder Hundehalter wünscht sich eine perfekte Leinenführigkeit, oder? Wir alle haben diese Vorstellung im Kopf, gemeinsam wie im Film durchs Leben zu spazieren, der Hund locker und stolz an unserer Seite. Aber mal ehrlich, hast du schon einmal ganz bewusst daran gearbeitet, dass dein Hund wirklich locker und aufmerksam neben dir bleibt? Oder ist es am Ende doch öfter Zufall als ein echtes Teamwork von euch beiden?

»Benutze die Leine nicht für die Kommunikation!«

Täglich sehe ich Menschen, die ihre Hunde von A nach B zerren. Es liegt oft gar nicht daran, dass der Hund ständig zieht. Meist ist es einfach, weil plötzlich ein Auto kommt, der Radfahrer klingelt oder es kommt ein anderer Hund entgegen. In solchen Momenten wird die Leine nicht als vertrauter Sicherheitsanker gesehen, sondern als eine Art Notseil. Da wird schnell gezogen, gezerrt und gebremst, damit der Hund nicht dorthin läuft, wo er gerade nicht hinsoll, bzw. man möchte ihn schnell zu sich holen.

Viele Menschen benutzen die Leine beinahe wie eine Fernbedienung und vergessen dabei, dass ihr Hund ein echtes Gegenüber ist. Es wird gezogen, gebremst, gezerrt, aber selten wirklich auf Augenhöhe, und damit fair, kommuniziert. Dabei können wir mit unseren Hunden ein Team sein, und dazu gehört weit mehr als das Zerren am anderen Ende der Leine. Es geht um Präsenz, um Körpersprache und um diese besondere Verbindung, die nur entsteht, wenn wir im Alltag wirklich miteinander wachsen. Ein Hund, der mit dir verbunden ist und deine Wünsche versteht, macht jeden Spaziergang für euch beide leichter und viel entspannter.

Ich lade dich ein, Leinenführigkeit einmal ganz neu zu denken. Weniger Ziehen, mehr echtes Miteinander. Klare Signale statt wortlosem Zerren. Und vor allem: mehr Freude bei jedem gemeinsamen Schritt, den ihr zusammen geht.

WARUM ZIEHT MEIN HUND AN DER LEINE?

Eine Frage, die sich jeder Hundehalter stellen sollte: „Warum zieht mein Hund eigentlich so an der Leine?" Die Antwort darauf ist meist verblüffend einfach: **Weil er es kann.** Ich weiß, das klingt erstmal banal, aber genau das ist oft der Kern des Problems. Die Umsetzung ist gar nicht so kompliziert. Es braucht vor allem eines: **Liebevolle Konsequenz.**
Leinenführigkeit beschäftigt viele von uns. Ein Spaziergang, bei dem die Leine locker zwischen Hund und Mensch baumelt, ist für viele das große Ziel. Es gibt viele Wege dorthin, keine Sorge. Entscheidend ist, dass du den findest, der zu euch beiden passt.

Der Hund lernt durch Erfolg

Wie sagen wir hier im Norden? Jetzt mal Butter bei de Fische: In welchen Situationen zieht dein Hund? Und in welchen Momenten lässt du das vielleicht sogar zu? Wenn du dich ziehen lässt, lernt dein Hund eines: Mit Zug und Kraft kommt er ans Ziel. Für ihn heißt das, das Ziehen lohnt sich. Solange das für deinen Hund immer wieder funktioniert, wird er sich auch weiter so verhalten. Aber keine Sorge, das Schöne ist, man kann diesem Muster gut auf die Schliche kommen und es gemeinsam verändern.
Es kann aber auch einfach daran liegen, dass dein Hund eigentlich gar nicht anders kann, als zu ziehen. Vielleicht ist die Leine immer ein bisschen zu kurz, und er hat gar keine andere Wahl, als vorne am Ende der Leine zu laufen. Viele Hunde sind von Natur aus flotter unterwegs als wir Menschen. Da ist die Leine gefühlt ruckzuck zu Ende, bevor ihr euch als Team überhaupt aufeinander einpendeln könnt.

1

WEGE AUS DER ZWICKMÜHLE

Was kannst du tun, um das Ziehen an der Leine zu verhindern oder zu reduzieren? Es gibt verschiedene Ansätze, die am besten Hand in Hand gehen:
1. Freiheit ermöglichen: Gebe deinem Hund so oft es geht die Möglichkeit, mit mehr Platz die Welt zu entdecken. Ob mit einer langen Schleppleine oder (wo es erlaubt ist) ganz ohne Leine. Dies ermöglicht ihm, seine natürliche Gangart auszuleben, zu schnüffeln, zu traben und die Umgebung zu erkunden, ohne direkt durch eine kurze Leine eingeschränkt zu werden.
2. Auslastung sicherstellen: Achte darauf, dass dein Hund ausreichend Möglichkeiten hat, sich körperlich und geistig auszuleben. Vielleicht

2

1 Gesa und Edda starten zusammen.

2 Gerader Blick, aufrechte Haltung, das zeigt deinem Hund, dass du einen Plan hast.

3 Orientierung ist der Schlüssel.

3

braucht er mehr Spielzeiten, längere Spaziergänge, Suchspiele oder andere Aktivitäten, die ihn fordern und auslasten. Ein ausgeglichener Hund ist an der Leine oft entspannter.

3. Bewusstheit im Alltag: Achte auf die kleinen, oft unbewussten Momente, die das Problem verstärken können. Vermeide es, den Hund aus dem Auto springen zu lassen und ihn sofort an der Leine ziehen zu lassen, während du noch mit anderen Dingen beschäftigt bist. Schaffe stattdessen eine ruhige und kontrollierte Situation, bevor ihr gemeinsam loslauft.

4. Leine als Verbindung, nicht als Signal: Nutze deine Leine als Verbindung, nicht als Kommunikationsmittel. Führe deinen Hund mit deiner Körpersprache, lade ihn ein mitzugehen, und nutze die Leine nur zur Sicherheit, nicht zum Ziehen. Achte darauf, dass die Hand, in der du die Leine hältst, ruhig und entspannt unten bleibt.

DAS GROSSE ZIEL: ENTSPANNTES MITEINANDER

Unser Ziel ist es, ein entspanntes Miteinander an der Leine zu erreichen, bei dem dein Hund die Leine locker lässt und entspannt bei und mit dir läuft. Dies erfordert Zeit, Geduld und liebevolle Konsequenz, aber es ist möglich! Durch die Kombination von Freiheit, Auslastung und bewusster Kommunikation wird dein Hund an lockerer Leine gehen.

Das Baukastenprinzip: Dein Werkzeugkoffer für die Leinenführigkeit

Es gibt nicht die eine, universell gültige Lösung für das Problem des Ziehens an der Leine. Jeder Hund ist einzigartig, mit seiner eigenen Persönlichkeit, seinem Temperament und seinen individuellen Bedürfnissen.

Was bei dem einen Hund sofort Wunder wirkt, kann bei einem anderen völlig wirkungslos bleiben. Stell dir die Trainingsmethoden und Tipps wie einen Werkzeugkasten vor. Du suchst dir aus, was zu euch beiden passt, probierst aus, kombinierst, und findest so nach und nach die richtige Methode für euren gemeinsamen Alltag. Mal benötigt man eine Säge, mal einen Hammer und mal nur einen Zollstock.

Mache dir einen Plan!

DEFINIERE DEINE PERFEKTE LEINENFÜHRIGKEIT!

Es wird wieder Zeit fürs Mitmachen. Bevor wir hier ans Eingemachte gehen, solltest du dir über einiges im Klaren sein. Hole dir deinen schlauen Zettel und notiere dir: *Wie soll eigentlich deine Leinenführigkeit aussehen?*
Das ist eigentlich schon der erste Schritt. Wenn du wirklich weißt, wie deine ideale Leinenführigkeit aussieht, was du von deinem Hund möchtest,

kannst du auch gezielt darauf hintrainieren. Je klarer du dir deine perfekte Leinenführigkeit vorstellst, desto eher kannst du auch dauerhaft darauf hinarbeiten.

Du kannst dich an drei Kriterien für deine Leinenführigkeit orientieren:

1. Die Position: Wo soll dein Hund laufen? Vorne? Hinten? Nur rechts oder auf beiden Seiten? Welcher Radius um dich herum ist ideal? ACHTUNG: Verwechsle die Leinenführigkeit nicht mit Fuß gehen!

2. Die Leinenspannung: Kannst du die Leine mit zwei Fingern halten? Soll die Leine lose über der Hand sein? Reicht es dir, wenn der Karabiner nach unten hängt, oder soll die Leine locker als U durchhängen?

3. Die Orientierung zu dir: Soll er die Ohren ab und an zu dir drehen? Soll er dich immer wieder mal anschauen? Soll er selbstständig das Tempo verringern, wenn du langsamer wirst? Soll er ansprechbar sein usw.?

Setze dich hin und überlege dir genau: *Wie soll eigentlich die Leinenführigkeit aussehen?* Nimm dir Zeit für diese Aufgabe, denn sie wird dir helfen, deine Ziele klar zu definieren und dein Training effektiver zu gestalten.

Wie soll deine Leinenführigkeit aussehen?

DIE HÄUFIGSTEN FEHLER UND WIE DU SIE VERMEIDEST

Ein sehr häufiger Fehler, den viele Hundehalter unbewusst machen, ist, die Leine selbst ständig auf Zug zu halten. Aus Angst, der Hund könnte losstürmen, halten viele die Leine dauerangespannt. Es wird ständig mit kleinen „Rucken“ korrigiert. Das Ergebnis ist aber, dass die Leine dadurch immer gespannt ist. Der Hund lernt dadurch schnell: Zug auf der Leine ist der Normalzustand – das soll wohl so. Um diesen Teufelskreis zu durchbrechen, kann es schon enorm helfen, auf eine längere Leine, idealerweise eine Schleppleine, umzusteigen, damit dein Hund erlebt, wie sich Freiheit und entspannte Führung anfühlen.
Eine Schleppleine gibt deinem Hund mehr Bewegungsfreiheit und die Möglichkeit, überhaupt erst einmal zu erleben, wie es sich anfühlt, an lockerer Leine zu laufen. Nutze diese neu gewonnene Freiheit, um gezielt Trainingssituationen zu schaffen.
Gehe zum Beispiel auf eine Wiese oder einen ruhigen Weg. Gib deinem Hund Platz und schaffe gezielte Situationen, in denen er lernen kann, locker mitzulaufen. Verzichte dabei auf ständigen Druck und beginne erst, Reize und Ablenkungen langsam zu steigern, wenn ihr beide bereit seid.
Ein weiterer Stolperstein ist, die Reize und Ablenkungen zu schnell zu steigern. Fordere nicht gleich zu viel auf einmal. Viele Hunde ziehen, weil sie neugierig, aufgeregt oder einfach schneller sind als ihre Menschen.
Wenn du dann versuchst, ihn mit zu viel Korrektur zurückzuhalten oder ihn mit Signalen überforderst, entsteht oft nur mehr Frust – auf beiden Seiten. Sei ehrlich zu dir selbst: Habe ich die Reize möglicherweise zu schnell erhöht? Fordere ich von meinem Hund zu viel auf einmal? Bleibe ich in stressigen Situationen ruhig und konsequent, oder lasse ich mich von der Aufregung anstecken?
Es ist oft besser, einen Schritt zurückzugehen und in einem reizärmeren Umfeld zu üben, als sich immer wieder in Situationen zu begeben, die deinen Hund überfordern.
Wenn du das erkennst, kannst du Trainingssituationen wieder leichter gestalten und in entspannten Umfeldern üben. So bringt Leinenführigkeit Schritt für Schritt Gelassenheit, Klarheit und gemeinsame Erfolge – und das ganz ohne Zerren, Ziehen oder ständigen Korrekturmarathon.

Henry ist an seiner Umwelt interessiert.

DIE KÖRPERSPRACHE ALS SCHLÜSSEL

Ich nutze zum Beispiel ein spezielles Signal, wenn ich möchte, dass mein Hund mich während des Spaziergangs nicht überholt. Bei mir heißt

Doch die Leine ist locker.

das **„Hier bei mir"**. Immer wenn ich dieses Signal gebe, möchte ich, dass die Schulter meines Hundes maximal auf der Höhe meines Knies bleibt. Damit das klappt, arbeite ich vor allem mit meiner Körpersprache. Wenn mein Hund dazu neigt, nach vorne zu gehen, bremse ich bewusst mein Tempo, mache einen kleinen Schritt zur Seite oder drehe meinen Körper leicht in seine Richtung. Oft reichen schon diese kleinen, feinen Zeichen, damit mein Hund sofort merkt, dass er sich wieder stärker an mir orientieren und sein Tempo anpassen soll.
Das klappt natürlich nur, wenn du mit deinem Hund schon ganz bewusst an dem körpersprachlichen Führen gearbeitet hast. Falls dir das noch schwerfällt oder du das Gefühl hast, dein Hund reagiert noch nicht sicher darauf, dann schau gerne noch mal ein Kapitel zurück und übe das Führen und Folgen zusammen mit deinem Hund. So baust du systematisch die feine Kommunikation auf, die es braucht, damit ihr als Team auch ohne viele Worte harmonieren könnt. Ziel ist es, dass du deinem Hund nonverbal mitteilen kannst, was du dir wünschst.
Und je besser du darin wirst, deine Körpersprache ganz gezielt einzusetzen, desto leichter gelingt es dir, deinen Hund ohne viele Worte zu lenken. Der Hund trägt zwar seine Leine, aber eigentlich bräuchtet ihr sie dann fast nicht mehr. Ihr seid über Aufmerksamkeit, Nähe und Vertrauen miteinander verbunden.

Lieber ansprechen anstatt zu zerren

Ein entscheidender Punkt für eine entspannte Leinenführigkeit ist tatsächlich die Kommunikation mit deinem Hund - und zwar so, dass du eben nicht ständig an der Leine ziehst oder deinen Hund damit „korrigierst".

Viele Halter versuchen, ihren Hund mit der Leine zu führen oder zu stoppen. Vielleicht kennst du das, man möchte den Hund positionieren und schon geht der Arm nach oben, die Leine ist somit durch uns Menschen auf Spannung gebracht. Das führt schnell dazu, dass für den Hund der Normalzustand ein gewisser Zug an der Leine ist. Und wenn wir Menschen hauptsächlich über die Leine kommunizieren, versteht der Hund immer weniger, dass die Leine eigentlich locker durchhängen sollte.

Starte das Training deshalb am besten in einer ruhigen, reizarmen Umgebung, zum Beispiel zuhause oder im Garten. Sobald dein Hund zu weit nach vorne läuft, sprich ihn freundlich an und lenke ihn mit deiner Körpersprache wieder in deine Richtung. Ein leichtes Drehen des Körpers, ein Schritt zur Seite oder ein langsameres Tempo bewirken oft Wunder. Je öfter du das übst, desto mehr lernt dein Hund, auf deine Körpersignale zu achten und sich von allein an dir zu orientieren. Für diese Verbindung braucht es gegenseitiges Vertrauen, Aufmerksamkeit und den Mut, auch mal leise miteinander zu sprechen, statt immer nur mit Zug an der Leine.

WARUM MACHT MEIN HUND DAS?

Um an der Leinenführigkeit zu arbeiten, ist es wichtig, den Grund für das Ziehen deines Hundes zu kennen. Am Anfang dieses Buches habe ich dir bereits gesagt, dass es ein Mitmachbuch ist. Jetzt ist es wieder an der Zeit, Zettel und Stift herauszuholen und deinen letzten Spaziergang zu reflektieren.

1. Beobachte dich und deinen Hund als unbeteiligte Person:
– In welchen Momenten zieht dein Hund an der Leine?
– Wann bleibt die Leine locker?

2. Notiere dir genau, welche Reize (z. B. andere Hunde, Gerüche, Geräusche, fremde Umgebung oder neue Eindrücke) jeweils eine Reaktion auslösen.

Sobald du weißt, was deinen Hund aus dem Gleichgewicht bringt, was der Auslöser ist, kannst du genau an diesen Reizen arbeiten. Kleine, gezielte Übungen helfen dir dabei, Schritt für Schritt mehr Entspannung in euren Spaziergang zu bringen. Mit etwas Geduld lernt dein Hund, die Leine locker zu lassen und viel gelassener an deiner Seite zu laufen. So wird euer Spaziergang mit der Zeit entspannter – für euch beide.

DIE BALANCE ZWISCHEN TRAINING UND ENTSPANNUNG

Es ist wichtig, sich immer wieder klarzumachen, dass dein Hund nicht den gesamten Spaziergang über wie ein Musterschüler an deiner Seite laufen muss. Das wäre ehrlich gesagt weder fair noch realistisch. Es ist ganz normal und absolut in Ordnung, wenn dein Hund zwischendurch schnüffelt, markiert oder ein bisschen die Umgebung erkundet. Die meisten Hunde sind von Haus aus sowieso flotter unterwegs als wir. Das heißt, sie laufen oft viel schneller, auch wenn sie nur normal gehen. Versuche, eine gute Balance zu finden zwischen konzentrierten Trainingsphasen und entspannten Momenten, in denen dein Hund einfach Hund sein darf. Plane zum Beispiel feste Schnüffelpausen ein, an denen dein Hund ausgiebig einen bestimmten Baum oder Strauch erkunden darf. Auf einer Wiese kannst du gemeinsam spielen oder deinem Hund die Möglichkeit geben, sich richtig auszutoben.

So wird der Spaziergang für euch beide zum abwechslungsreichen Erlebnis, das nicht nur deinem Training, sondern auch dem Spaß und den Bedürfnissen deines Hundes gerecht wird.

DIE WICHTIGSTEN PUNKTE FÜR DEINEN ERFOLG

Sei ehrlich zu dir selbst: Analysiere eure Spaziergänge und erkenne, wo die Probleme liegen.

Wähle die passenden Werkzeuge: Experimentiere mit verschiedenen Techniken und finde heraus, was für euch am besten funktioniert.

Sei konsequent: Bleibe auch in schwierigen Situationen ruhig und konsequent.

Habe Geduld: Die Leinenführigkeit ist ein Prozess, der Zeit und Übung erfordert.

Vergiss die Entspannung nicht: Dein Hund soll auch Spaß am Spaziergang haben. Mit Geduld, Konsequenz und den richtigen Werkzeugen kannst du die Leinenführigkeit Schritt für Schritt verbessern und entspannte Spaziergänge mit deinem Hund genießen.

1

2

1 An der langen Leine kann es schon mal auf Spannung gehen.

2 Aber bitte nicht als Dauerspannung.

Die Leinenführigkeit beginnt beim Losgehen

Kennst du das Gefühl, wenn dein Hund schon an der Haustür explodiert und der Spaziergang gefühlt eher einem Zerrspiel als einer entspannten Gassirunde gleicht? Viele unterschätzen, wie wichtig der Moment des Losgehens ist.

Dabei ist der Start wirklich entscheidend für alles, was danach kommt. Leinenführigkeit beginnt nämlich nicht erst draußen auf der Straße, sondern schon beim allerersten Schritt aus der Tür. Stell dir vor, das ist wie beim Sport: Wer sich vorher nicht aufwärmt, riskiert, dass es irgendwo zwickt. Wenn der Spaziergang mit Hektik und Ziehen beginnt, wird es schwierig, danach noch gelassen zu bleiben.

In diesem Kapitel zeige ich dir, wie du von Anfang an die richtigen Weichen stellst. Denn ein ruhiger Start ist mehr als nur ein netter Bonus, er ist das Fundament für eine entspannte und harmonische Gassirunde. Lass uns gemeinsam entdecken, wie du deinem Hund schon ab der ersten Sekunde das Gefühl vermittelst: Heute gehen wir ganz entspannt um den Block. Viele Hundehalter kennen das Problem nur zu gut. Kaum ist die Leine festgemacht oder die Haustür geöffnet, geht es für den Hund los wie auf der Überholspur. Die ersten Meter des Spaziergangs werden schnell zum kleinen Kraftakt, noch bevor ihr überhaupt an echtes Leinenführigkeitstraining denken könnt. Dabei ist gerade ein ruhiger Beginn ganz entscheidend dafür, wie der gesamte Spaziergang verlaufen wird. Ein entspannter Start legt den Grundstein für alles, was danach kommt.

1

2

WARUM EIN RUHIGER START SO WICHTIG IST

Stell dir vor, du würdest deinen Tag direkt mit einem Sprint starten. Vermutlich wärst du schon nach kurzer Zeit gestresst oder sogar völlig außer Atem. Genauso fühlt sich dein Hund, wenn er von null auf hundert losschießt und sofort mit voller Energie in den Spaziergang startet. Ein unruhiger Anfang kann schnell einen Teufelskreis in Gang setzen. Der Hund zieht, du korrigierst, er zieht noch mehr und am Ende sind beide genervt.

Gönne deinem Hund (und dir selbst) lieber einen ruhigen Start. So lernt dein Hund, seine eigene Aufregung direkt zu Beginn zu kontrollieren und sich an deinem Tempo zu orientieren. Eure gemeinsame Runde wird damit nicht nur entspannter, sondern auch harmonischer und viel angenehmer für euch beide.

Die Technik des ruhigen Starts

Jetzt fragst du dich bestimmt, wie genau du diesen entspannten Start eigentlich hinbekommst. Es gibt viele verschiedene Wege, wie du deinem Hund beibringen kannst, ruhig mit dir loszugehen. Am Ende ist wichtig, dass du genau die Methode findest, die zu euch und eurem Alltag passt.

1 Bereite deinen Hund vor.

2 Und geht gemeinsam los.

1

2

1 Vorbereitung ist dein bester Freund.

2 In der Ruhe liegt die Kraft.

Das Prinzip der Selbstbeherrschung: Bevor es überhaupt hinausgeht, sollte dein Hund lernen, seine eigene Aufregung im Griff zu haben. Diese wichtige Übung beginnt schon drinnen, zum Beispiel im Flur oder sogar im Kofferraum. Bleibt dein Hund nicht ruhig, während du dich auf den Spaziergang vorbereitest, dann macht genau das zu eurer ersten Baustelle. Übt gemeinsam das ruhige Warten, bevor die Leine angelegt oder die Tür geöffnet wird. Jede Sekunde, in der dein Hund entspannt bleibt, kannst du mit einem Markerwort und einem kleinen Keks belohnen. Aber Vorsicht: Manche Hunde werden vor lauter Erwartung auf den nächsten Keks eher hibbelig. Für diese Kandidaten ist es manchmal besser, an der Frustrationstoleranz zu arbeiten.
Am Ende zählt, dass dein Hund lernt: Aufregung bringt nichts, ruhiges Verhalten öffnet die Tür zu eurem Spaziergang. Wer Geduld hat, kommt schneller raus.

Korrektur unerwünschten Verhaltens: Prescht dein Hund doch mal voller Vorfreude los, braucht es manchmal eine kleine, faire Korrektur. Das kann ein kurzes Stehenbleiben sein, ein sanftes Verlangsamen oder einfach ein ruhiges, klares „Nein". Bleibe dabei entspannt, aber vor allem deutlich. Richte dich zur vollen Größe auf, stehe aufrecht und gerade, und vor allem: Sage mit deinem Körper genau das, was du in diesem Moment wirklich meinst. Deine Energie zählt. Zeige deinem Hund Klarheit, sei bestimmt, aber niemals aggressiv oder ungerecht. Auf diese Weise weiß dein Hund direkt, was du von ihm willst, und ihr bleibt beide freundlich und auf Augenhöhe im Miteinander.

Belohnung erwünschten Verhaltens: Sobald dein Hund ruhig und gelassen an deiner Seite wartet, feiere diesen Moment. Lobe ihn ruhig und gerne auch mal mit einem kleinen Keks. Benutze dazu auch dein ruhiges Markersignal. So lernt dein Hund direkt, dass entspanntes Verhalten

sich auszahlt – und euer gemeinsamer Spaziergang wird von Anfang an harmonisch.
Mit etwas Geduld und Gelassenheit wird daraus euer eigenes kleines Alltagsritual. Der perfekte, entspannte Start ins nächste Abenteuer zu zweit.

Praktische Umsetzung

1. Vorbereitung: Sorge dafür, dass du alles vorbereitet hast, bevor du deinen Hund aus dem Haus oder dem Auto holst. Leine, Kekse und eventuell ein Spielzeug sollten griffbereit sein.
2. Ruhe bewahren: Bleibe selbst ruhig und entspannt. Deine Stimmung überträgt sich auf deinen Hund.
3. Schrittweise vorgehen: Beginne mit kurzen Übungseinheiten. Steigere die Dauer und die Schwierigkeit allmählich.
4. Konsequenz: Bleibe konsequent in deiner Umsetzung. Nur so lernt dein Hund, was du von ihm erwartest.
Wenn dein Hund noch ungestüm aus dem Kofferraum springt, dann gehe nochmal zu dem Kapitel: Kofferraumtraining (siehe Seite 57).

Setze dich ganz entspannt in den Kofferraum. Checke deine Nachrichten, lies ein Buch, sei ohne Hast.

Extra-Tipp

Setz dich einfach mal mit deinem Hund gemeinsam in den Kofferraum und strahle ganz viel Gelassenheit und Ruhe aus. Zeig ihm, dass hier wirklich nichts Aufregendes passiert. Bleibe einen Moment bei ihm sitzen und genieße die kleine Auszeit. Erst wenn dein Hund wirklich entspannt ist, geht ihr gemeinsam los. So legst du schon vor dem Losgehen die richtige Basis für einen ruhigen, sicheren Start in euren Spaziergang.

Der gemeinsame Start: Mehr als nur Anleinen

Viele Hundehalter leinen ihren Hund nebenbei an, während sie noch mit den Gedanken ganz woanders sind. In diesem Moment geht die bewusste Verbindung zum Hund leicht verloren.

Da wird schnell nach dem Schlüssel gesucht, die Tasche gepackt oder noch die Jacke übergeworfen. Das Anleinen wird zur Routine, während der Hund oft schon ungeduldig und zappelig ist. Dabei geht es auch anders. Schaffe vor dem Anleinen eine bewusste und entspannte Atmosphäre. Nimm dir einen Moment Zeit nur für deinen Hund. Wenn er noch nicht ruhig ist, bring ihn in die Platz-Position und gib ihm Gelegenheit, kurz runterzufahren. Sprich ihn ruhig und aufmerksam an, während du die Leine anlegst.

EIN SIGNAL FÜR DEN START

Du kannst für das Anleinen sogar ein eigenes Signal einführen. Das kann ein bestimmtes Wort sein oder einfach eine sanfte Berührung. Nach dem Anleinen startest du gemeinsam, indem du ihn klar, aber freundlich körpersprachlich zum Mitkommen einlädst. Wichtig ist, dass ihr zusammen losgeht und nicht einfach der Mensch vorausläuft und der Hund hinterhergezogen wird.

Die Leine als Verbindung, nicht als Kommunikationsmittel

Viele Hundehalter haben die Verbindung zu ihrem Hund verloren, sobald die Leine dran ist. Die Leine sollte in eurem Miteinander immer Verbindung und Sicherheit bieten, aber kein Kommunikationsmittel sein. Viele Menschen kommunizieren, sobald die Leine dran ist, fast nur noch über Zug und Druck. Das ist auf Dauer weder für den Hund noch für den Halter angenehm. Euer Ziel ist es, gemeinsam ruhig und aufmerksam loszugehen. Die Leine ist dabei bloß die Sicherung und nicht das eigentliche Sprachrohr zwischen euch.

Für unruhige Hunde

Wenn dein Hund bereits gelernt hat, dass die Leine Aktivität bedeutet und er sehr unruhig und voller Energie ist, beginne das Training in einer reizar-

Nimm deinen Hund fair mit.

Gib ihm ein Signal, dass es losgeht.

men Umgebung. Das kann bei dir zu Hause sein, entweder in der Wohnung oder im Garten. Belohne hier jegliche Orientierung deinerseits. Achte darauf, dass du eine Belohnung nimmst, die deinen Hund nicht zusätzlich „hochfährt“. Hier kommt deine Belohnungsliste wieder ins Spiel!

Analyse ist der Schlüssel

Nimm dir jetzt wirklich einmal fünf Minuten Zeit und gehe in dich. Überlege ganz ehrlich, in welchen Situationen dein Hund an der Leine nach vorne geht. Gibt es Momente, in denen er wunderbar neben dir läuft, ganz entspannt und locker? Und gibt es andere Situationen, in denen die Leine so gespannt ist, als wolltet ihr Tauziehen spielen? Diese kurze Analyse hilft dir enorm weiter. Sie gibt dir Aufschluss darüber, wo ihr noch Übung gebrauchen könnt und wie du dein Training gezielt auf die Bedürfnisse deines Hundes abstimmen kannst. Hier habe ich eine Beispielliste für dich:

Herausforderungen	**Leinenführigkeit klappt:** sehr gut (*), gut (**), naja (***), nicht so gut (****), Katastrophe (*****)
Bei Losgehen der Gassirunde	*****
Am Ende der Gassirunde	*
Im Dorf	***
Bei Hundebegegnungen	****
Vom Auto auf den Hundeplatz	****
Alleine im Hundeweg	*

Ein ruhiger Start ist wirklich kein Hexenwerk, sondern einfach eine Frage der Übung und der Konsequenz. Mit der richtigen Technik und ein bisschen Geduld bringst du deinem Hund bei, richtig entspannt in den Spaziergang zu starten. So legst du das Fundament für eine harmonische Leinenführigkeit und für Spaziergänge, bei denen ihr beide Freude habt.

Entspannt unterwegs: Jogginggurt und Co. als Unterstützung

Was aber tun, wenn du mit deinem Hund unterwegs bist und es gibt viele Reize: andere Hunde, Jogger, Radfahrer usw.? In solchen Situationen kann ein Jogginggurt eine wertvolle Unterstützung sein.

Ein Jogginggurt ist ein spezieller Gürtel, den du um die Hüfte trägst und an dem die Leine befestigt wird. Es gibt verschiedene Varianten, aber ich empfehle einen Gurt mit Beinschlaufen. Diese sorgen dafür, dass der Zugpunkt tief am Steißbein liegt und nicht am unteren Rücken. Für Hunde, die nur wenig ziehen, reicht manchmal auch ein schlichter Bauchgurt, wie du ihn gelegentlich sogar beim Discounter findest. Solltest du aber einen Hund haben, der sehr beherzt zieht, empfehle ich dir ganz klar ein Modell mit Beinschlaufen. Damit bleibt dein Rücken entspannt und die Hände sind frei, damit du dich ganz auf deinen Hund und eure gemeinsame Zeit konzentrieren kannst.

Die Vorteile:

– **Hände frei:** Du hast beide Hände frei, um dich auf deinen Hund zu konzentrieren und ihn bei Bedarf zu unterstützen.

– **Keine ungewollte Kommunikation:** Man kommt nicht in die Versuchung, den Hund mit der Leine von A nach B zu ziehen.

– **Rückenschonend:** Der Zugpunkt liegt tief am Rücken, was die Wirbelsäule entlastet.

– **Effektives Training:** Du kannst dich besser auf deine Körpersprache konzentrieren und den Hund gezielter führen.

1

2

1 Die Leine kommt an den Bauchgurt.

2 Auch hier ist die Ruhe entscheidend, bring deinen Hund ins Sitz.

3 Die Hände bleiben weg von der Leine.

4 Auf geht es zum entspannten Spaziergang.

– **Po- und Beintraining inklusive:** Wenn dein Hund zieht, musst du dich aktiv dagegenstemmen, was deine Po- und Beinmuskulatur trainiert.

DIE RICHTIGE AUSRÜSTUNG

Geschirr statt Halsband: Bitte verwende niemals ein Halsband in Kombination mit einem Jogginggurt, sondern immer ein gut sitzendes Geschirr. Das Geschirr verteilt den Druck gleichmäßig auf den Körper des Hundes und verhindert Verletzungen.

Karabiner mit Panikverschluss: Wenn dein Hund stark zieht, kannst du einen Karabiner mit Panikverschluss verwenden, der sich im Notfall schnell öffnen lässt.

Weitere Tipps:

Finger weg von der Leine: Lass die Finger komplett von der Leine, wenn der Hund am Jogginggurt läuft. So verhinderst du, dass du ihn unbewusst durch die Gegend ziehst.

Spezielle Geschirre: Es gibt spezielle Geschirre, die den Zugpunkt anders verteilen und den Komfort für den Hund erhöhen können. Lass dich hierzu am besten in einem Fachgeschäft beraten.

SCHAFFE ENTSPANNTE MOMENTE:

Der Jogginggurt kann eine tolle Unterstützung sein, um Spaziergänge entspannter zu gestalten, besonders wenn dein Hund zur Sorte Kraftpaket zählt oder draußen einfach mal richtig Dampf hat. Mit dem Jogginggurt behältst du die Kontrolle und gibst deinem Hund dabei trotzdem ein Stück mehr Freiheit. Und das Beste, ihr geratet nicht ständig in kleine Diskussionen darüber, wie die perfekte Leinenlänge sein sollte.

Wichtig: Der Jogginggurt ist kein Allheilmittel. Er ersetzt niemals konsequentes Training. Nutze ihn als Ergänzung, arbeite weiterhin an eurem entspannten Miteinander und achte auf eure Routinen. Nur so kannst du das Ziehen an der Leine wirklich Schritt für Schritt reduzieren.

3

4

Trainingsmodus vs. Entspannungsmodus: Klare Signale für deinen Hund

Okay, lasst uns mal ehrlich sein: Leinenführigkeit ist 'ne Challenge, oder? Aber hey, wir packen das! Ein Schlüssel zum Erfolg liegt darin, deinem Hund eindeutig zu vermitteln, wann „Arbeitszeit" ist und wann er einfach Hund sein darf.

DER WECHSEL: GESCHIRR VS. HALSBAND

Wir müssen ihm zeigen, wann er aufmerksam sein und mitarbeiten soll und wann er die Welt auf seine Weise erkunden kann.
Ich liebe ja einfache Lösungen, und hier ist eine. Nutze den Wechsel zwischen Geschirr und Halsband! Wenn du eine Trainingsfrequenz festlegst und z. B. sagst: „Wir trainieren jetzt von Einfahrt zu Einfahrt oder von der Eiche bis zu der Eiche oder von dem Mülleimer bis zu dem Mülleimer", also ein Kontext, bei dem die Leinenführigkeit im Fokus steht, dann musst DU 100 Prozent geben. Du kannst den Wechsel vom Geschirr zum Halsband als Signal für den Trainingsmodus nutzen. Klicke die Leine vom Geschirr ans Halsband, und das Training kann beginnen. Das ist wie ein kleines Ritual, das deinem Hund sagt: „Achtung, jetzt geht's los!"

Achtsamkeit auch nach dem Training

Aber jetzt kommt der Clou. Viele vergessen, dass die Achtsamkeit nicht einfach mit dem letzten Trainingsschritt verschwindet. Wichtig ist, dass du wirklich achtsam bleibst, auch wenn das Training offiziell vorbei ist. Oft sehen wir Hundehalter, die nach dem Üben stehen bleiben, um sich anzuschauen, ein bisschen zu plaudern oder Anweisungen zu bekommen. In solchen Momenten möchte der Hund vielleicht schnüffeln, und zack, der Arm des Menschen wandert nach vorne. Auf einmal ist wieder Spannung auf dem Halsband.
Und das, meine Lieben, ist richtiges Gift für die Leinenführigkeit. Wir

MERKE DIR

Der bewusste Wechsel zwischen Trainingsmodus mit Halsband und Entspannungsmodus mit Geschirr hilft deinem Hund, deine Erwartungen sauber einzusortieren. Du zeigst ihm damit deutlich, was du willst. Und das wichtigste Werkzeug dabei ist deine eigene Achtsamkeit. Sie macht am Ende den Unterschied, ob Leinenführigkeit zum entspannten Zusammensein wird oder zum Kraftakt. Viel Spaß beim Üben!

1

2

wollten doch niemals Zug auf dem Halsband, richtig? Auch nicht, wenn wir nebenbei stehen und ein bisschen quatschen. Was ist also die Lösung? Ganz einfach. Bevor du dich in ein Gespräch verwickeln lässt oder in Gedanken abtauchst, klick die Leine einfach wieder ans Geschirr. So kannst du sicherstellen, dass du keine falschen Signale vermittelst und euer Training auf einem schönen Level bleibt.

Fokussierung ist entscheidend: Wenn der Hund irgendwo hingehen möchte und du gerade nicht aufmerksam sein kannst, weil du zuhören willst, ist das nicht so schlimm, wenn die Leine am Geschirr befestigt ist. So bleibt eure sorgfältig trainierte Leinenführigkeit am Halsband erhalten.

Die Verantwortung liegt beim Menschen: Warum zieht ein Hund? **Weil er es kann.**

Ich sage es mal ganz offen und ehrlich: Wenn ein Hund an der Leine zieht, liegt die Verantwortung nicht beim Hund, sondern bei uns Menschen. Wir sind diejenigen, die für klare Signale und konsequentes Verhalten sorgen müssen. Wenn du merkst, dass du im Training gerade nicht hundert Prozent aufmerksam sein kannst, klicke die Leine lieber wieder ans Geschirr. So verhinderst du Missverständnisse und bleibst fair zu deinem Hund.

1 Hund am Halsband heißt: Gleich geht es los, bitte achte auf mich.

2 Hund am Geschirr heißt: Du hast Freizeit.

Leinenende ankündigen – Das Signal für mehr Kontrolle und Fairness

Oft sehe ich Hundebesitzer, die ihre Hunde mehr oder weniger an der Leine von A nach B ziehen und zerren. Das Thema hatten wir schon: Druck erzeugt nun mal Gegendruck, und das gilt auch für den Leinendruck.

Aber zum Glück gibt es eine wirklich faire Methode, deinem Hund zu sagen, dass sich gleich etwas an der Leine verändert. Mit dem Signal „Leine!“ kannst du ihm quasi mitteilen: Hey du Knilch, jetzt ist gleich Schluss, achte mal darauf, dass die Leine locker bleibt.

Ich erinnere mich noch richtig gut an Luna, eine kleine, sprudelnde Jack Russell-Hündin, die ich mal trainiert habe. Luna war, wie die Jackies nun mal sind und wofür wir sie ja auch lieben, ein echtes Energiebündel. Sie zog an der Leine, als gäbe es kein Morgen. Ihre Besitzerin war fix und fertig, jeder Spaziergang war ein echtes Zerrspiel. Auch wenn Luna ja als Jack Russell ein kleiner Hund ist, hatte sie ordentlich Kraft und setzte diese auch mit vollen Körpereinsatz ein. Als ich Lunas Frauchen das „Leine-ankündigen“ zeigte, war sie erst skeptisch. „Ob das klappt?“, hat sie mich gefragt. Aber sie war bereit, es einfach mal zu versuchen. Und was soll ich sagen? Schon nach ein paar Tagen konsequentem Üben passierte das kleine Wunder. Luna begann, auf das Signal „Leine!“ zu reagieren. Sie verlangsamte von sich aus ihre Schritte, schaute sogar nach ihrer Besitzerin, als hätte sie plötzlich eine Verbindung gespürt, und achtete selbst darauf, dass die Leine locker blieb. Die Spaziergänge wurden entspannter, und die Beziehung der beiden viel harmonischer.

„Leine ankündigen“ ist eben nicht nur eine einfache Übung, sondern dein Schlüssel, deinem Hund Verantwortung zuzutrauen und ihm zu zeigen, dass seine Bedürfnisse gesehen und ernst genommen werden. Und damit du weißt, wie es geht, kommt jetzt die Schritt-für-Schritt-Anleitung.

So funktioniert's:

Reiz schaffen: Für diese Übung brauchst du eine Situation, in der dein Hund wahrscheinlich in die Leine gehen wird. Das ist oft der Fall, wenn er auf etwas richtig Spannendes zuläuft oder vielleicht von jemandem animiert wird. Ganz wichtig ist dabei: Übe das immer nur am Geschirr, niemals am Halsband. Nur so bleibt alles sicher und entspannt.

Der richtige Zeitpunkt: Jetzt kommt es auf gutes Timing an. Kurz bevor die Leine auf Spannung

Das Ankündigen der Leine bedeutet, den Hund zu warnen. Wir halten die Leine nur fest – es wird nicht gezerrt und gezogen.

geht, also wirklich im allerletzten Moment, bevor dein Hund am Ende der Leine ankommt, gibst du dein Signal. Ich nutze dafür ganz schlicht das Wort „Leine". Achte darauf, dass du das Signal deutlich und klar aussprichst!

Die Zeitspanne: Die Zeit zwischen deinem Signalwort und dem tatsächlichen Spannen der Leine muss ganz kurz sein – etwa zwei oder drei Sekunden. Nur dann kann dein Hund die richtige Verknüpfung herstellen: „Leine!" ... Zack, die Leine ist zu Ende.

Motivation nutzen: Vielleicht musst du deinen Hund gar nicht extra in Versuchung bringen. Häufig entsteht sowieso eine Reizsituation, und wenn du ahnst, dass er gleich losprescht, genau dann nutzt du das Signal „Leine" und bereitest ihn so darauf vor, dass gleich Schluss ist und kein Zug folgt.

Das Ziel: Ziel dieser Übung ist, dass dein Hund nach dem Signal „Leine" von selbst langsamer wird oder sogar anhält. Er lernt, sich selbst zu regulieren und nicht mehr ungebremst und mit voller Wucht in die Leine zu springen oder zu rennen.

WAS TUN, WENN DER HUND TROTZDEM ZIEHT?

Wenn dein Hund trotz des Signals in die Leine rennt, geh rückwärts (nicht umdrehen!), rückwärts, rückwärts, bis die Leine wieder locker ist. Erst dann gehst du wieder vorwärts. Rennt er gleich wieder in die Leine, wiederholst du das Ganze: „Leine!" – rückwärts, rückwärts, rückwärts, bis die Leine locker ist.

Das Timing ist entscheidend: Hierbei ist es sehr wichtig, dass du das Timing einhältst. Geh wirklich sofort wieder nach vorne, sobald die Leine auch nur ein bisschen locker wird. Gerade bei Hunden, die schon jahrelang Erfolg durch Ziehen gewohnt sind, braucht es manchmal einige Runden und man fühlt sich, als würde man einen kleinen Walzer tanzen. Aber halte durch und achte immer auf gutes Timing: Ist die Leine locker, geht es weiter, kommt Zug, gibt es sofort das Signal und es kommt der Rückwärtsgang.

Achte darauf, dass sich dein Hund keine neue Taktik zurechtlegt. Kommt er auf die Idee, einfach um dich herum zu laufen, damit du wieder mitgehst, dann kannst du mit deiner Körpersprache freundlich, aber klar den Weg blockieren und ihn ruhig wieder in die richtige Richtung schicken.

Geduld und Konsequenz sind gefragt: Wiederhole die Übung so lange, bis du eine schöne kleine Strecke schaffst, auf der die Leine locker bleibt. Habe nicht zu hohe Erwartungen und steigere den Schwierigkeitsgrad langsam. Bleib Schritt für Schritt dran, dann werdet ihr gemeinsam richtig erfolgreich sein.

WAS KANN SCHIEF LAUFEN?

Die „Leine ankündigen"-Technik ist effektiv, aber wie bei jeder Trainingsmethode gibt es einige Stolpersteine, die du kennen solltest, um erfolgreich zu sein:

1. Falsches Timing beim Signal

Problem: Du sagst „Leine" zu spät, wenn die Leine bereits gespannt ist, oder zu früh, wenn dein Hund noch gar nicht losziehen will. Besonders wenn dein Hund schon seit ein paar Sekunden Zug auf der Leine hat, funktioniert diese Übung nicht mehr richtig. Es ist wirklich nur ein Ankündigen, dass die Leine gleich zu Ende ist.
Lösung: Beobachte deinen Hund genau und finde den goldenen Moment kurz bevor die Leine richtig spannt. Es braucht ein wenig Übung, aber du wirst das Timing nach und nach spüren. Stell dir vor, du bist ein Surfer und wartest auf die perfekte Welle.

2. Inkonsequente Verwendung des Signals

Problem: Du vergisst das Signal in manchen Situationen oder wechselst zwischen verschiedenen Signalworten hin und her.
Lösung: Sei konsequent und bleibe beim gewählten Signal. Verwende es immer dann, wenn dein Hund ansetzt zu ziehen – so kann er wirklich lernen.

3. Der Hund lernt, dich zu umrunden

Problem: Der Hund lernt, dass er dich nur umrunden muss, um wieder ans Ziel zu kommen.
Lösung: Versperre ihm den Weg mit deiner Körpersprache und leite ihn wieder in die richtige Richtung. Sei dabei bestimmt, aber nicht grob.

4. Die Reize sind zu hoch

Problem: Du trainierst in einer Umgebung mit zu vielen Ablenkungen oder starke Reize bringen deinen Hund aus dem Konzept.
Lösung: Fange in einer möglichst reizarmen Umgebung an und steigere das Niveau erst, wenn dein Hund sicher reagiert.

5. Zu hohe Erwartungen

Problem: Du erwartest, dass dein Hund sofort perfekt auf das Signal reagiert.

Mein Sohn Chris übt mit mir das „Leine ankündigen", damit ich das richtige Timing nicht am Hund „ausprobieren" muss.

Lösung: Bleib realistisch und geduldig. Es braucht einfach Zeit und Wiederholung, bis der Hund zuverlässig reagiert.

6. Du wirst selbst ungeduldig oder frustriert

Problem: Deine eigene Stimmung kippt und du wirst vielleicht gereizt. Das überträgt sich auf deinen Hund.
Lösung: Bleib ruhig und positiv. Sieh Training als Prozess – jeder kleine Fortschritt zählt und ist ein Erfolg. Die „Leine ankündigen"-Technik ist ein Werkzeug, das Zeit, Geduld und Konsequenz erfordert. Wenn du diese typischen Fehler vermeidest, wirst du mit deinem Hund richtig erfolgreich sein!

Tipp

Damit du das Timing wirklich verinnerlichst, übe die Technik zuerst ohne Hund als Mensch-Mensch-Übung. Bitte einen Freund oder ein Familienmitglied, eine Leine zu nehmen und sich so zu verhalten, als würde er oder sie in die Leine ziehen. Deine Aufgabe ist es, im genau richtigen Moment „Leine" zu sagen. Schaffst du das zwanzigmal hintereinander mit perfektem Timing, bist du bereit, mit deinem Hund zu starten. So gehst du sicher, dass du für das Training bestens vorbereitet bist.

Hier kann ich üben, wann ich mein Signal „Leine" sage.

Clickern für Leinenführigkeit: Ja oder Nein?

Klar, du kannst auch den Clicker für die Leinenführigkeit einsetzen. Viele Hunde können das aber nicht so gut aushalten, bzw. sind in einer ständigen Erwartungshaltung, weil es ja eigentlich eher in den Bereich „Fuß" gehört.

Aber trotzdem: Wenn die Leine locker ist, kannst du natürlich markern und deinen Hund belohnen. Bevor wir direkt über das Markern sprechen, gibt es etwas sehr Wichtiges, das viele Hundehalter gerne übersehen: Die richtige Position der Leine. Viele von uns halten die Leine einfach in jener Hand, auf deren Seite auch der Hund läuft. Das ist auch super, wenn dein Hund schon leinenführig ist. Musst du das Ganze aber noch üben (und seien wir ehrlich, meistens muss der Mensch mitüben), dann empfehle ich dir, die Leine diagonal zu halten. Das heißt:

- Ist der Hund links, hältst du die Leine in der rechten Hand.
- Ist der Hund rechts, hältst du die Leine in der linken Hand.

1

1 Der Clicker kann dir beim punktgenauen Bestätigen helfen.

DER TRICK MIT DER KEKSTASCHE: WENIGER VERRENKUNGEN, MEHR FOKUS

Ein kleiner, feiner Trick fürs Training, der oft unterschätzt wird: Die Position deiner Kekstasche. Ja, richtig gelesen! Wo du deine Kekse aufbewahrst, macht einen echten Unterschied. Stell dir vor, dein Hund läuft links von dir, die Leine hast du auch links und du möchtest ihn für sein tolles Verhalten belohnen. Jetzt greifst du automatisch mit deiner rechten Hand an die linke Seite – du verdrehst dich, dein Arm landet vor deinem Körper, und wird wahrscheinlich versuchen, vor dich zu kommen, um an den Keks zu kommen. Das Ergebnis: Die Leine wird kurz, die Position stimmt nicht mehr, der Fokus ist weg, *und dein Hund läuft dir sozusagen vor die Füße.*

Die Lösung ist wirklich einfach: Wenn dein Hund links läuft, hältst du die Leine mit der rechten Hand und packst die Kekstasche auf die linke Seite. So kannst du entspannt mit der linken Hand den Keks holen und deinen Hund seitlich aus seiner Position heraus belohnen, ganz ohne Verrenkungen. Läuft dein Hund rechts, ist alles einfach andersherum – Leine in der linken Hand, Kekse auf der rechten Seite.

So machst du es euch beiden richtig einfach und kannst dich voll auf das konzentrieren, was am wichtigsten ist: Entspannt gemeinsam unterwegs sein und jeden Erfolg feiern. Dein Rücken wird dir diesen Trick ebenfalls danken!

3

2

2 Mit dem Click hast du die Aufmerksamkeit sicher.

3 Der Keks kann auch gerne mal geworfen werden, aber nur so weit, dass sich die Leine nicht spannt.

So geht's:
Ansprechen und Markern: Du gehst los, sprichst deinen Hund freundlich an, zum Beispiel mit seinem Namen oder mit einem motivierenden Wort wie „Komm". Exakt im selben Moment, in dem du den ersten Schritt machst, markerst du, also clickst du sofort. Das Ziel ist, dass dein Hund in der lockeren Leine bleibt und gar nicht erst daran denkt, in die Leine zu gehen. Der Click ist wie ein Versprechen: SSuper gemacht, die Leine bleibt locker – das lohnt sich für dich!
Die Fütterungstechnik: Jetzt kommt der wichtige Griff in die Kekstasche. Füttere deinen Hund immer von vorne und nicht von oben. Wenn du den Keks von oben gibst, schaut dein Hund jedes Mal zu dir hoch oder springt dir vielleicht sogar fröhlich entgegen. Das wollen wir vermeiden. Wir möchten, dass er ruhig nach vorne blickt und dabei die Leine locker lässt.
Lob und Motivation: Während ihr unterwegs seid, sprich ruhig immer mal wieder mit deinem Hund und lobe ihn für seine Aufmerksamkeit: „Super", „Fein", „Ganz toll gemacht". Deine Stimme ist ein toller Verstärker und zeigt deinem Hund, dass er auf dem richtigen Weg ist.
Marker und Fütterung während des Gehens: Wenn die Leine locker bleibt, markerst du immer wieder und belohnst deinen Hund für das schöne Miteinander. Es ist vollkommen in Ordnung, den Keks auch mal auf den Boden vor deinen Hund zu werfen. Dein Hund soll schließlich entspannt mitlaufen und nicht wie beim Fußgehen kleben bleiben. Achte nur darauf, dass du den Keks nicht so weit wirfst, dass die Leine wieder auf Spannung geht. Denk immer daran, dass ihr gemeinsam in Bewegung bleibt. Weitergehen, weitergehen, weitergehen. Ziel ist ein entspanntes, lockeres Laufen im Team.
Probiere verschiedene Varianten aus, mal längere Strecken, mal kürzere Strecken. Der Klickmoment ist immer dann, wenn die Leine locker ist, und das Füttern erfolgt im Gehen auf der Seite, wo der Hund ist.

Achtung, es kann mit dem Clicker schnell eine „Fußübung" werden.

DIE CRUX AN DER SACHE

Wie ich schon oft erwähnt habe, ist das Clickern für die Leinenführigkeit durchaus eine Möglichkeit, aber aus

Clickere, wenn dein Hund dir seine Aufmerksamkeit schenkt.

meiner Sicht eben nicht die beste. Das liegt vor allem daran, dass der Hund bei jedem Marker und jeder Belohnung immer wieder aus dem entspannten Laufen herausgeholt wird, weil er seinen Keks abholen möchte. Das sorgt für Unruhe, manchmal sogar dafür, dass der Hund zwar kurz aufmerksam ist, weil er Kekse erwartet, aber nach einer Weile das Interesse wieder verliert und dann doch anzieht.

Viele Hundehalter schaffen es nicht, mit dem Clickertraining rechtzeitig den Absprung zu schaffen, denn es ist nur ein kleiner Teil der Leinenführigkeit. Klar, du bestätigst das richtige Verhalten und alles, was ein Hund regelmäßig mit Lob und Keks verbindet, wird er auch häufiger zeigen. Aber diese Bilderbuch-Leinenführigkeit, bei der der Hund wirklich entspannt und locker neben dir läuft, erreichen viele damit nicht. Häufig erinnert das Ergebnis eher an ein Fußtraining, was ja nicht das Ziel für einen entspannten Spaziergang ist. Deswegen sage ich immer: Leinenführigkeit besteht nicht nur aus einer Methode, sondern lebt vom Zusammenspiel vieler kleiner Werkzeuge. Damit euer gemeinsamer Spaziergang wirklich entspannt wird, braucht es ein bisschen von allem – Aufmerksamkeit, Timing, Motivation und auch liebevolle Konsequenz.

Zickzack für Leinenführigkeit? Mehr als nur ein Hin und Her!

Vielleicht hast du schon einmal gehört: „Geh doch mal Zickzack mit deinem Hund, dann folgt er dir automatisch." Diese Übung wird von vielen Hundetrainern empfohlen, wenn es um die Leinenführigkeit geht. Und ehrlich, ich habe das früher auch sehr gerne gemacht.

Mein Tipp

Belohne deinen Hund großzügig, und zwar vor allem mit sozialem Lob und ehrlichem Kontakt. Lass Druck an der Leine und Zerren komplett raus, das hat für mich schon fast etwas Mittelalterliches. Ein echtes Team läuft gemeinsam – nicht auf Befehl, sondern mit Freude an der Sache.

Die Idee dahinter ist gar nicht schlecht, denn ein Hund, der sich an dir orientiert, ist auch aufmerksamer und läuft besser an lockerer Leine.
Mit der heutigen Erfahrung im Rücken und nach vielen Trainingseinheiten hinterfrage ich solche alten Methoden aber immer wieder. Denn nur Zickzacklaufen führt selten zum Ziel. Es ist eher ein Mittel, das in meinen Augen nicht immer fair ist, gerade wenn es am Ende auf viel Zug und Druck hinausläuft. Und genau das wollen wir ja nicht.
Wie bei eigentlich allen Übungen gibt es nicht DIE eine Lösung, sondern es ist immer ein Zusammenspiel vieler Dinge. Das Zickzacklaufen kann ein Baustein sein, um die Aufmerksamkeit zu schulen und deinen Hund wieder mehr an dich zu binden. Aber bevor ihr damit loslegt, solltest du auf jeden Fall an der grundsätzlichen Orientierung arbeiten. Nur wenn dein Hund weiß, dass es sich lohnt, sich an dir zu orientieren, wird Zickzack wirklich sinnvoll.

ORIENTIERUNG BELOHNEN, DAS IST DER ANFANG

Als erste Stufe würde ich das An-dir-Orientieren üben bzw. belohnen. Du suchst dir eine Umgebung, in der dein Hund nicht allzu arg abgelenkt ist, stellst dich hin, und nun belohnst du (hier kommt wieder dein Markersignal zum Einsatz) jegliches Interesse an deiner Person.
Fange wirklich klein an. Es kann schon das Eindrehen der Ohren in deine Richtung sein, vielleicht dreht er mal kurz den Kopf zu dir – oder schaut dich sogar direkt an. Was auch immer es ist,

1

2

1 Lade dein Hund freundlich ein mitzukommen, anstatt ihn mit Zerren zu überzeugen.

2 Sprich mit deinem Hund – aber nicht über die Leine.

belohne diesen Moment und gib deinem Hund das Gefühl, bei dir richtig zu sein. Beobachte genau, was für deinen Hund ein Zeichen von Orientierung ist – es sollte immer in deine Richtung gehen. **Ein wichtiger Hinweis:** Schaue deinen Hund nicht direkt und dauerhaft an. Beobachte ihn vielmehr so ein bisschen aus dem Augenwinkel. Wenn du ihn frontal anstarrst, fordert dich das zum gegenseitigen „Angucken" heraus und bringt oft zu viel Spannung ins Spiel. Ändere ab und zu deine eigene Position, geh mal ein bisschen zur Seite, drehe dich von ihm weg, sodass dein Hund wirklich aktiv zu dir kommen und deine Aufmerksamkeit suchen muss.

Klappt das richtig gut, dann fange **langsam** an zu gehen. Jetzt belohnst du jedes Orientieren an deiner Person auch in der Bewegung.

JETZT KOMMT DAS ZICKZACKLAUFEN

Diese Übung eignet sich herrlich für die alltäglichen Spaziergänge. Überlege dir eine kleine Strecke, vielleicht von einem Baum bis zum nächsten, von einer Einfahrt bis zur nächsten oder von einer Bank zur anderen. Dann laufe mit deinem Hund bewusst im Zickzack. Schau dabei immer in Laufrichtung und nicht ständig auf deinen Hund. Trotzdem bleibst du mit einem halben Auge aufmerksam auf ihn, um wirklich jedes Orientieren zu sehen und zu loben.

Sprich ihn am Anfang auch gerne kurz mit Namen oder einem Aufmerksamkeitssignal an, damit die Leine nicht auf Spannung geht.

Hier kannst du deinen Hund natürlich wieder mit einem Keks oder besser mit einem sozialen Lob belohnen. Wichtig ist, dass du kurz vor dem Richtungswechsel die Richtung schon anzeigst und wirklich dahin schaust, wo du hingehen möchtest. Die Blickrichtung ist viel wert!

Wenn dein Hund unterwegs total abgelenkt ist, vielleicht wild vor dir her kreuzt, ist das ein Zeichen, noch stärker an der Orientierung zu arbeiten. Bleib dran, probiere es in neuen Situationen immer wieder und hab Geduld. Und denk dran: Ein Hund tut immer das, was sich besonders für ihn lohnt. Zeige ihm also, dass Aufmerksamkeit zu dir die beste Entscheidung ist.

Stolpersteine auf dem Weg zum entspannten Spaziergang

Selbst wenn du die besten Absichten hast und fleißig mit deinem Hund übst, tauchen manchmal typische Stolpersteine auf. Hier findest du ein paar Klassiker – und wie du ihnen elegant aus dem Weg gehen kannst.

DIE AUSRÜSTUNG

Zu kurze Leine: Manchmal ist die Leine einfach zu kurz. Dann kann dein Hund nicht einmal in Ruhe schnüffeln, bevor schon Zug entsteht. Das ist nicht zielführend, denn dein Hund gewöhnt sich schnell daran, immer unter Spannung zu laufen.
Falsches Halsband: Auch das Halsband spielt eine Rolle. Ist es zu eng oder zieht es sich zu, kann dein Hund ständig bis zum Stopp ziehen. Besser ist ein Halsband, das in seiner Länge stabil bleibt.
Leine mit Ruckdämpfer: Leinen mit Ruckdämpfer geben dem Hund zu viel Spielraum, sodass auch Zug nicht direkt wahrgenommen wird.
Flexileine: Schmeiß die Flexileine weg! Sie ermutigt den Hund, Druck aufzubauen, um die Leine auszurollen. Das ist genau das Gegenteil von dem, was wir wollen. Außerdem sind Flexileinen gefährlich, da sie leicht aus der Hand fallen und den Hund verletzen können.

DIE UMGEBUNG

Überforderung: Versuche nicht, die Leinenführigkeit in einer Umgebung zu meistern, in der dein Hund überfordert ist. Auf einer Schnüffelstrecke mit vielen Reizen ist es fast unmöglich. Nutze in solchen Situationen eine Schleppleine oder lass deinen Hund freilaufen, wenn es sicher ist.

DAS TIMING

Inkonsequenz: Wenn du aus dem Auto steigst, dein Hund an der Leine ist und du erst den Kofferraum zumachst, während er die ganze Zeit zieht, ist es zu spät, um dann noch zu korrigieren. Der Hund hat bereits gelernt, dass er ziehen kann.
Leine einkürzen: Wenn dein Hund die Leine locker lässt, neige nicht dazu, sie sofort einzuholen. Das ist für den Hund unklar.

DAS ZIEL

Falsche Zielsetzung: Überlege dir genau, was dein Ziel ist. Soll dein Hund wirklich immer an deiner Seite laufen, oder soll er „nur“ an der lockeren Leine laufen? Wenn dein Ziel nur eine lockere Leine ist, musst du nicht darauf achten, dass er auf einer bestimmten Seite läuft.

DIE BELOHNUNG

Clicker-Falle: Wenn du deinem Hund mit Clicker und Keksen beigebracht hast, bei dir zu bleiben, kann es sein, dass er das nur als Trainingseinheit ansieht. Sobald die vorbei ist, rennt er wieder in die Leine.

Erwartungshaltung: Das ständige Clickern und Füttern kann eine Erwartungshaltung erzeugen, die der Hund und auch der Halter nicht dauerhaft aushalten können. Irgendwann sagt der Hund: „Ich kann nicht mehr, ich gehe nach vorne!" Lass in diesem Fall die Leckerlis weg und probiere andere Methoden aus.

DER GRÖSSTE STOLPERSTEIN

Inkonsequenz und Erfolg: Der größte Stolperstein ist, wenn der Hund zu oft Erfolg hat mit dem Ziehen, wenn der Hundehalter zu oft inkonsequent ist oder wenn zu lange trainiert wird. Gib deinem Hund viele Freiheiten, aber wenn du trainierst, dann sei wirklich konsequent und konzentriert bei der Sache.

1

2

3

1 Klar kann der Hund mal schnüffeln, gebe ihm den Raum, er ist kein Roboter.

2 Hole ihn wieder in deine Welt …

3 … und bitte ihn mit dem Einladen weiterzugehen.

MERKE DIR

Leinenführigkeit ist ein Prozess, der Zeit, Geduld und Konsequenz verlangt. Sei achtsam mit möglichen Stolpersteinen und passe dein Vorgehen immer wieder an euch beide an. Mit etwas Übung bringt euch genau diese Aufmerksamkeit immer weiter voran – Schritt für Schritt, Pfote für Pfote.

Slalom aber mal anders:

Dein persönlicher Leinenführigkeitstest

Dieses Buch ist nicht nur zum Lesen da, es soll dich und deinen Hund aktiv auf eurem Weg zu einer harmonischen Beziehung begleiten. Deswegen ist es auch ein Mitmach-Buch!

Und ich habe hier wieder eine schöne Aufgabe für dich, damit du deine Leinenführigkeit kontrollieren kannst. Aber natürlich wieder mit einer Menge Spaß!
Wir verlassen den Hundeplatz und gehen in deinen Garten, in den Park oder sogar ins Wohnzimmer! Alles, was du brauchst, sind ein paar Alltagsgegenstände, etwas Kreativität und natürlich deinen Hund.

So geht's:

1. Die Hindernisse: Suche dir ein paar Gegenstände, die du als Hindernisse aufstellen kannst. Das können Stühle sein, leere Kartons, umgestülpte Eimer, Baumstämme im Wald.
2. Die Leine: Lege deine bekannte Leine weg und benutze stattdessen Klopapier oder Wolle.
3. Der Parcours: Baue mit den Hindernissen einen Slalomparcours auf. Am Ende des Slaloms soll eine „gerade Linie" zurück zum Startpunkt führen.
4. Die Aufgabe: Führe deinen Hund an der Leine im Slalom durch den Parcours, dann die gerade Linie zurück, wieder Slalom und wieder die Gerade.

Wichtig:
Die Herausforderung besteht darin, den Parcours zu bewältigen, ohne dass dein Hund an der Leine (dem Klopapier, der Wolle) zieht! Denn wenn er zieht, zerreißt das Papier oder die Wolle, die Stühle wackeln oder was auch immer du als Hindernisse gewählt hast und dein Hund ist davon.
Das bedeutet: Du musst deine Körpersprache einsetzen, um deinen Hund zu lenken, auf deinen Hund achten, mit ihm behutsam umgehen und vor allem: Du musst mit ihm kommunizieren und seine Aufmerksamkeit bekommen.
Du musst ihn motivieren, dir zu folgen, ohne ihn zu zwingen. Und du musst ihn belohnen, wenn er es richtig macht.
Diese Übung ist nicht nur ein guter Test für eure Leinenführigkeit, sondern auch eine tolle Möglichkeit, eure Bindung zu stärken und deinen Hund auf spielerische Weise zu fordern.
Also, worauf wartest du noch? Auf die Plätze, fertig, los!

Die wichtigste Regel:

Habt Spaß!

1 2

3

4

5

1–5
Fangt klein an, baut euch erst einen kleinen Parcours auf, den ihr locker bewältigen könnt. Trainiert immer mit dem größtmöglichen Erfolg. Lobt euren Hund freudig und meistert diese Challenge **gemeinsam**!

HUNDEBE-
GEGNUNGEN

TÄGLICHE CHALLENGE

Für viele Hunde sind Hundebegegnungen an der Leine eine echte Herausforderung. Reagiere rechtzeitig auf deinen Hund und sei der Superheld!

Wenn der Spaziergang zum Spießrutenlauf wird

Für viele Hundehalter ist das wirklich keine ganz leichte Aufgabe. Die Gassirunde könnte so herrlich entspannt sein, wenn da nicht immer wieder diese kleinen Begegnungen der besonderen Art wären.

Kaum seid ihr unterwegs, schon taucht am Horizont der nächste „geliebte" Artgenosse auf. Und zack, schon hältst du die Luft an: Wird dein Hund gleich wieder in die Leine springen, knurren oder vielleicht sogar einen peinlichen Auftritt hinlegen?
Keine Sorge, du bist definitiv nicht allein! Hundebegegnungen sind für viele Hundehalter eine echte Herausforderung. Aber es gibt Hoffnung!
In diesem Kapitel zeige ich dir verschiedene Lösungsansätze, die du anwenden kannst, um diese Situationen entspannter zu gestalten – für dich und deinen Hund.
Manchmal fühlen sich gleiche Situationen doch jedes Mal ein bisschen neu an und müssen somit auch anders behandelt werden. Es gibt keine Universallösung, die für alle Hunde und jede Situation passt.
Die einen Hunde brauchen eine klare Grenze, die anderen fühlen sich mit Clicker-Unterstützung wohler, und wieder andere entspannen am besten, wenn sie kurz absitzen dürfen. Auch bei deinem Hund kann es mal dieses und mal ein anderes „Werkzeug" sein. Es gibt keine Universalantwort, die auf jeden Hund und jede Begegnung passt. Entscheidend ist, dass DU lernst, Situationen realistisch einzuschätzen und deinem Hund genau das gibst, was gerade gebraucht wird.
Also, lass uns gemeinsam in die Welt der Hundebegegnungen eintauchen und Strategien entwickeln, mit denen du in Zukunft entspannt und souverän reagieren kannst. Denn schließlich soll der Spaziergang doch Spaß machen!

Bedenke bitte, dass jeder Hund anders ist.

Was steckt wirklich dahinter? Auf Spurensuche

Bei Hundebegegnungen bleiben oft viele Fragezeichen. Nicht jeder Hund tickt gleich und in manchen Situationen gerät plötzlich alles aus dem Ruder.

Manchmal zieht dein Hund, manchmal pöbelt er oder bleibt einfach wie festgewurzelt stehen und rührt sich keinen Zentimeter mehr. Und das Allerwichtigste: Warum eigentlich? Erst, wenn wir wissen, warum ein Hund etwas macht, können wir das richtige Werkzeug aus dem Kasten holen.
Bevor wir losrennen und mit dem Training starten, gönne dir einen Moment für echte, ehrliche Spurensuche. Beobachte deinen Hund:
Was genau passiert bei Hundebegegnungen? Beschreibe das Verhalten deines Hundes so detailliert wie möglich.
In welchen Situationen tritt dieses Verhalten auf? Gibt es bestimmte Orte, Tageszeiten oder Arten von Hunden, die es auslösen?

1

1–2 Lass lieber deinen Arm unten, das bringt mehr Ruhe rein und lässt die Leine eher locker.

Was genau gefällt dir an der Situation nicht? Formuliere dein Ziel positiv. Statt „Ich will nicht, dass er zieht", schreibe „Ich wünsche mir, dass er entspannt an anderen Hunden vorbeigeht".

Was glaubst du, ist der Grund für das Verhalten deines Hundes? Hat er schlechte Erfahrungen gemacht? Bist du vielleicht selbst unbewusst Teil des Problems?

MÖGLICHE URSACHEN FÜR UNERWÜNSCHTES VERHALTEN

Es gibt viele Puzzleteile, die zu einem unerwünschten Verhalten bei Hundebegegnungen führen können: Viele Hundehalter nehmen automatisch den Arm nach oben, sobald am Horizont ein anderer Hund auftaucht. Unbewusst entsteht dabei sofort Zug auf der Leine. Für deinen Hund ist das wie eine kleine Alarmglocke, denn plötzlich merkt er, hier stimmt etwas nicht. Versuche stattdessen, deinen Arm entspannt unten zu lassen und halte die Leine einfach ruhig und sicher fest. So signalisierst du deinem Hund Ruhe und Normalität, selbst wenn du in Wirklichkeit im Kopf bereits kleine Notfallpläne schmiedest. Wenn du doch einmal das Gefühl hast, dein Hund könnte gleich in die Leine springen, halte einfach fest – aber ohne Energie hineinzugeben und ohne Druck zu machen. Es reicht, präsent zu bleiben und vorbereitet zu sein, falls dein Hund wirklich loslegen sollte. Ganz ruhig, ganz gelassen, einfach nur klar und sicher für deinen Hund da sein.

Unsicherheit: Oft ist Unsicherheit die treibende Kraft. Der Hund fühlt sich unwohl, wenn ein anderer Hund auftaucht, und reagiert mit Pöbeln oder Ziehen, um die Situation zu kontrollieren.
Negative Erfahrungen: Vielleicht hat dein Hund in der Vergangenheit schlechte Erfahrungen mit anderen Hunden gemacht, die sein Verhalten geprägt haben.
Fehlende Sozialisierung: Eine unzureichende Sozialisierung im Welpenalter kann dazu führen, dass dein Hund unsicher oder überfordert ist, wenn er auf andere Hunde trifft.
Inkonsequentes Verhalten: Manchmal liegt die Ursache auch bei uns

Manchmal löst ein einfacher Trick das „Problem“: Hier seht ihr Anton, der bei Frauchen mit dem Trick „Home“ Schutz sucht.

Versuche immer, die Aufmerksamkeit deines Hundes bei dir zu halten.

selbst. Rucken wir an der Leine, werden wir nervös, oder lassen wir unseren Hund ungefragt zu jedem anderen Hund hin? Geht unsere Atmung schneller, weil wir uns schon wieder vorstellen, wie es eskaliert?

Sei ehrlich zu dir selbst

Es hilft niemandem, die eigenen Unsicherheiten zu verstecken. Nur wenn du ehrlich hinschaust und reflektierst, findest du heraus, wo der Hebel wirklich angesetzt werden kann. Fehler zuzugeben ist nicht immer leicht, aber es ist der Schlüssel, um ein echtes Team zu werden und gemeinsam neue Lösungen zu entwickeln.
Welchen Anteil habe ich an dem Problem? Ziehe ich meinen Hund vielleicht unbewusst zu mir, wenn ein anderer Hund kommt? Werde ich nervös und übertrage meine Anspannung auf ihn? Oder habe ich ihm in der Vergangenheit erlaubt, unerwünschtes Verhalten zu zeigen, ohne zu intervenieren?

SELBSTREFLEXION: DER SCHLÜSSEL ZUM ERFOLG

Es ist wieder Zeit, sich intensiv mit dem Thema auseinanderzusetzen. Bevor du jetzt weiterliest, nimm dir wieder fünf Minuten Zeit und überlege: *In welchen Situationen zeigt dein Hund an der Leine unerwünschtes Verhalten?*
Sei wirklich selbstkritisch und hinterfrage alles. An welchen Orten passiert es? Bei welchen Hunden? Und vor allen Dingen: *Wie verhältst du dich selbst?* Bist du gelassen? Oder bist du von vornherein schon etwas angespannt? Wie hältst du die Leine? Ist sie auf Spannung, *bevor* überhaupt etwas passiert?
Schreibe alles so genau wie möglich auf. Je detaillierter deine Beobachtungen sind, desto besser kannst du das Problem verstehen und gezielte Lösungen finden. Es ist wie bei einem Puzzle: Je mehr Teile du hast, desto leichter fällt es dir, das Gesamtbild zu erkennen.

Das Markersignal als Anker in stürmischer See: Clickern mit Köpfchen

Okay, lasst uns über den Clicker bei Hundebegegnungen reden. Ich weiß, manche von euch denken jetzt vielleicht: „Clicker? In der Situation? Das ist doch Wahnsinn!“ Aber glaubt mir, richtig eingesetzt kann das Markersignal ein echter Gamechanger sein.

Das Problem ist: Viele von uns greifen in stressigen Situationen zu Lobworten wie „Prima“ oder „Super“. Aber seien wir ehrlich, da schwingt oft unsere eigene Anspannung mit. Der Hund spürt, dass wir selbst unsicher sind, und das macht die Sache nicht gerade einfacher.
Deswegen ist der Clicker so genial: Er ist neutral, präzise und, wenn er richtig aufgebaut ist, ein Garant für eine Belohnung. Er ist wie ein Anker in stürmischer See, an dem sich dein Hund festhalten kann.

Was du brauchst: Einen Clicker mit „Wow-Effekt“

Du brauchst einen Clicker mit echtem Wow-Effekt. Nicht jeder Marker ist gleich! Dein Markersignal muss wirklich richtig, richtig, richtig gut sein. Es reicht nicht, wenn es so mittelmäßig dahinplätschert. Dein Hund soll beim Click sofort denken: Jetzt passiert was richtig Großartiges!
Das funktioniert nur, wenn du den Clicker von Anfang an mit der allerbesten Belohnung positiv verknüpfst. Für deinen Hund muss klar sein:

1

Click bedeutet Jackpot! Ganz wichtig dabei, belohne aus Hundesicht, nicht aus deiner eigenen. Nutze ruhig deine Belohnungsliste, die du vorher für deinen Hund angelegt hast.

WENN DER CLICKER STREIKT: EIN WARNSIGNAL

Wenn der Clicker plötzlich streikt bzw. dein Hund bei der Hundebegegnung nicht darauf reagiert, dann weg mit dem Ding für diesen Moment. Das ist kein Zeichen dafür, dass dein Hund komisch ist, sondern zeigt einfach: Der Clicker war in dieser Situation nicht bedeutend genug. Das ist ein Warnsignal für dich, noch mal zu Hause oder in ruhigeren Situationen nachzutrainieren und die Verbindung noch stärker zu machen. Sieh es als Warnsignal: Du musst den Cklicker noch besser auftrainieren, ihm noch mehr Bedeutung verleihen. Übe in ruhigeren Situationen und steigere die Ablenkung langsam.

Timing ist alles: Clicke rechtzeitig!

Viele machen den Fehler, erst zu clicken, wenn der andere Hund schon fast direkt vor der Nase steht und der eigene Hund schon völlig aufgeregt ist. Das ist viel zu spät. Lieber zu früh clicken als zu spät! Idealerweise clickst du schon in dem Moment, in dem dein Hund den anderen überhaupt erst wahrnimmt, aber noch entspannt ist. Die Clickrate kann dabei ruhig hoch sein. Denk immer dran: Click-click-click ist viel besser als abwarten und den richtigen Zeitpunkt zu verpassen. So bleibt dein Hund bei dir und versteht ganz genau, was du von ihm möchtest.

DIE RICHTIGE AUSRÜSTUNG: KEKSTASCHE GRIFFBEREIT!

Achte auf deine Ausrüstung! Du brauchst eine Kekstasche, die leicht zugänglich ist, und du musst die Kekse in der Hand haben, wo dein Hund ist. Sonst machst du komische Verrenkungen und bringst Unruhe rein.

Aber es gibt noch einen Geheimtipp: Kleine Tuben, an denen dein Hund lecken kann! Das hat mehrere Vorteile:

Schnelles „Nachlegen“: Du kannst schnell und unkompliziert belohnen, ohne lange in der Kekstasche zu kramen.

Keine leeren Hände: Dir gehen die Kekse nicht aus, und du musst nicht plötzlich ohne Belohnung dastehen.

Probiere es aus und finde heraus, was für dich und deinen Hund am besten funktioniert!

2

1 Markere rechtzeitig, **bevor** dein Hund zu dem anderen Hund möchte.

2 Hunde sollten und wollen sich meist gar nicht „Hallo“ sagen.

Auf die Leine stellen: Die sanfte Blockade

Kannst du dich erinnern, als ich darüber gesprochen habe, dass du ein Superheld für deinen Hund sein sollst? Ich habe dir noch einen Trick versprochen, und hier kommt er!

Dieser Trick ist unschlagbar, wenn dein Hund gelernt hat, zu anderen Hunden bzw. Menschen hinzulaufen. Er hilft auch, wenn dein Hund andere Menschen anspringt. Oft ist es nämlich so, dass dein Hund einfach gelernt hat, mit Druck an der Leine ans Ziel zu kommen. Ein kleiner Zug reicht, und dein Arm geht nach vorne.

Wenn dein Hund erst mal gelernt hat, dass er eh nicht nach vorne kann und auch nicht muss, wird er viel entspannter sein.

Nicht selten ziehst du deinen Hund dann wieder zurück, oder lässt dich sogar noch ein paar Schritte weiterziehen, und der Hund kommt somit Stück für Stück weiter voran. Da sind wir wieder bei der Frage: **Warum zieht ein Hund an der Leine? Weil er es kann!** Selbst wenn dein Hund nur fünf Kilo wiegt, geht dein Arm nach vorne. Meistens fängt man dann an zu diskutieren: „Nein, lass das!", zieht den Hund zurück usw. Damit das nicht passiert und du vom Timing her perfekt bist, habe ich diesen Tipp für dich: Hier ist eine interessante Technik, die du bei Hundebegegnungen (aber auch bei entgegenkommenden Menschen) ausprobieren kannst. Probiere das „Auf die Leine stellen". Dabei nutzt du ganz bewusst dein eigenes Körpergewicht, statt sich in Ziehen, Diskutieren oder hektischen Ausweichmanövern zu verlieren.

So funktioniert's:

1. Vorbereitung: Nimm deinen Hund gegebenenfalls kurz ins „Ran". Jetzt lässt du die Leine locker fallen, hältst aber das Ende sicher in der Hand.

1

1 Halte das Ende der Leine immer mit fest.

2 Nala wird sofort gestoppt, ohne, dass ich mit ihr „diskutieren“ muss.

Achtung!

Das ist eine Technik, die du nur anwenden solltest, wenn dein Hund grundsätzlich auf dich und deine Körpersprache hört. Wenn du einen Hund hast, der vielleicht sogar etwas größer ist und mit voller Wucht in die Leine springt, ist diese Übung zu gefährlich!

Doch auch für solche Hunde gibt es Hoffnung! Du kannst es üben, aber eben nicht gleich bei Hundebegegnungen. Beginne in reizarmer Umgebung und steigere die Schwierigkeit/Ablenkung langsam.

2

2. Positionierung: Stelle dich ruhig auf die Leine, am besten leicht seitlich versetzt und nicht frontal zum Hund. Setze ein Bein nach hinten, damit du stabil stehst.

3. Die Blockade: Sollte dein Hund jetzt nach vorne wollen, kommt er kein Stück weiter. Die Leine wird durch dein eigenes Körpergewicht automatisch gestoppt. Wichtig: Dein Arm geht nun nicht mehr nach vorne! Die Blockade entsteht allein durch dein Gewicht auf der Leine – Du hast damit eigentlich gar nichts mehr zu tun, der Hund stoppt sich selber, so als wenn er an einem Baum festgebunden ist – DU bist hier der Baum.

4. Umlenken: Wurde dein Hund so gestoppt, kannst du ihn, wenn nötig, ruhig umlenken. Vielleicht schickst du ihn mit einer leichten Bewegung in eine andere Richtung oder lässt ihn einfach einen Moment stehen. Wichtig ist, dass du nicht wild an der Leine diskutierst oder am Hund herumhantierst. Bleib einfach gelassen und klar, das bringt euch am meisten.

Die Vorteile

Sanfte Methode: Du übst keinen direkten Zug auf den Hund aus, sondern nutzt eine sanfte, indirekte Blockade.

Klare Kommunikation: Der Hund wird automatisch gestoppt und lernt, dass er nicht weitergehen kann. Das Timing ist somit perfekt.

Keine Diskussion: Du musst nicht mit dem Hund schimpfen oder ziehen, sondern lässt einfach die Leine wirken.

Wichtig

Stelle sicher, dass die Leine lang genug ist, damit dein Hund sich nicht stranguliert. Er sollte aufstehen können, aber nicht nach vorne stürmen.
Halte das Ende der Leine stets gut fest, damit du bei Bedarf sofort eingreifen kannst, falls die Leine zum Beispiel über einen Absatz rutscht.
Übe diese Technik außerdem zuerst in einer ruhigen Umgebung, bevor du sie bei echten Hundebegegnungen ausprobierst. Schritt für Schritt wird dein Hund so sicherer und versteht, worum es dir geht.

1

EIN BEISPIEL AUS DER PRAXIS

Ich erinnere mich noch genau an Kerstin mit ihrem Flexi. Flexi war schon als Welpe ein echtes Energiebündel und hatte leider früh gelernt, dass er zu jedem Hund laufen darf. Dann kam er in meine Hundeschule. Am 4. Junghundetraining war es so weit, wir treffen auf einen anderen Hund. Ich habe Kerstin schon vorher die Technik erklärt, das „Auf die Leine stellen". Dabei sollte sie ihrem Hund ganz subtil, aber bestimmt eine Grenze setzen, ohne ihn zu zwingen oder zu bestrafen. Kerstin war beim ersten Mal skeptisch, aber sie hat meinen Tipp beherzigt und ausprobiert. Kerstin bleibt ruhig, gelassen und strahlt eine Souveränität aus, die direkt auf Flexi abfärbt. Sie nimmt die Leine ein Stück näher zu sich und stellt sich einfach darauf. Kein großes Drama, keine Aufregung – einfach da sein.

Flexi ist erst einmal völlig überrascht. Er spürt den Widerstand, aber keinen Zug und keinen Druck. Er versucht, weiterzugehen, merkt aber schnell, dass nichts mehr geht. Dann schaut er Kerstin an, fast als würde er nachfragen, was jetzt passieren soll. Genau das ist Kerstins Augenblick. Sie bleibt gelassen, sagt kein Wort, zieht nicht und gibt kein „Nein" von sich. Sie steht einfach da, ruhig und präsent. Als Flexi nach einer Weile entspannt loslässt und tief durchatmet, gibt es die verdiente Belohnung, ein ruhiges „Fein" und einen Keks. So lernt Flexi, dass er nicht immer seinen Willen bekommt – und dass es sich lohnt, ruhig zu bleiben. Kerstin zeigt ihm, wie er mit seinen Emotionen besser umgehen kann, ohne dass sie laut werden oder Strafen einsetzen muss.

Genau darum geht es: Wir geben unseren Hunden Sicherheit, führen sie freundlich, und zeigen ihnen, dass wir die Situation im Griff haben. So kann unser Hund entspannen, loslassen und einfach Hund sein. Und manchmal braucht es dafür nur dein Körpergewicht auf einer Leine und das richtige Gespür für den Moment.

Das Ziel

Das Ziel dieser Technik ist, dass dein Hund lernt, die Situation auszuhalten und sich nicht mehr in die Leine zu werfen. Dein Hund soll verstehen, dass er nicht immer seinen Willen bekommt und dass es sich lohnt, ruhig zu bleiben. Gleichzeitig gibst du ihm das Vertrauen, dass er sich auf dich verlassen kann. Viele Hunde zeigen das Verhalten an der Leine gerade deshalb, weil sie vorher zu oft von anderen Menschen übergriffig behandelt wurden oder von anderen Hunden einen draufbekommen haben. Leider haben wir Menschen das manchmal einfach laufen lassen oder gar nicht bemerkt.
Auch wenn dein Hund dieses neue System nicht sofort versteht, bleibe geduldig und konsequent. Mit der Zeit lernt er, die subtile Blockade als klares Signal zu deuten und wird sein Verhalten Stück für Stück anpassen. Du wirst staunen, wie schnell es gehen wird.

2

1–2
Nala weiß, dass sie jetzt warten muss, sie kommt mit Ziehen nicht ans Ziel

„Schau!“: Blickkontakt als Superkraft für entspannte Begegnungen

Eine Übung, die sich als besonders wertvoll erwiesen hat, ist das „Schau“. Dabei bringst du deinem Hund bei, auf ein bestimmtes Signal hin den Blickkontakt zu dir zu suchen.

Das ist nicht nur ein netter Trick, sondern ein echtes Werkzeug, um in schwierigen Situationen die Aufmerksamkeit deines Hundes zu gewinnen und ihn aus einer potenziell eskalierenden Situation herauszuholen.

Besonders nützlich ist das „Schau“ bei Hundebegegnungen. Oft fixieren sich die Hunde gegenseitig und steigern sich in eine Art „Blick-Duell“ hinein. Mit dem „Schau“ kannst du dieses unerwünschte Verhalten unterbrechen und die Aufmerksamkeit deines Hundes auf dich lenken.

So baust du das „Schau“ auf:

1. Reizarme Umgebung: Beginne mit dem Training in einer ruhigen Umgebung, in der dein Hund nicht abgelenkt ist.

2. Keks als Lockmittel: Nimm einen Keks in deine Hand und führe ihn langsam in Richtung deines Gesichts, sodass dein Hund ihm mit den Augen folgt.

3. Der Clickmoment: In dem Moment, in dem dein Hund deinen Blick erwidert oder zumindest in die Richtung deines Gesichts schaut, clickst du (oder gibst dein Markersignal).

4. Belohnung: Gib deinem Hund sofort den Keks.

5. Wiederholung: Wiederhole diese Schritte mehrmals.

6. Handbewegung ohne Keks: Wenn dein Hund die Übung verstanden hat, kommt jetzt die Handbewegung ohne Keks. Clicke und belohne, sobald dein Hund deinen Blick sucht.

7. Das Signalwort: Sobald dein Hund zuverlässig auf die Handbewegung reagiert, kannst du das

1

1 Führe deine Hand Richtung Augen/Nase und markere, wenn dein Hund der Handbewegung hinterherschaut.

2 Zuerst ohne Signal, später kommt das Signal **vor** die Handbewegung.

3 Frage das „Schau“ immer mal wieder ab.

Signalwort „Schau!“ hinzufügen. Sage das Signalwort kurz **bevor** du die Handbewegung ausführst.
8. Signal und Bewegung: Sage dein Signalwort („Schau!“) und führe kurz danach die Handbewegung aus. *Verzögerung:* Sage dein Signalwort und warte einen kurzen Moment (z. B. 1 – 2 Sekunden), bevor du die Handbewegung ausführst. *Reduzierung:* Reduziere die Größe der Handbewegung nach und nach. Sie soll immer kleiner und unauffälliger werden. Nur noch das Signal: Irgendwann reicht es, nur noch das Signalwort zu sagen, ohne jegliche Handbewegung.

Schrittweise Steigerung:

Erhöhe die Schwierigkeit der Übung schrittweise:
– Übe zunächst in verschiedenen Räumen und Umgebungen.
– Integriere die Übung in eure Spaziergänge.
– Übe das „Schau!“ auch, wenn andere Menschen oder Hunde in der Nähe sind, aber noch in sicherer Entfernung.

Das Ziel

Das Ziel ist, dass dein Hund lernt, auf dein Signal „Schau!“ hin den Blickkontakt zu dir zu suchen – egal, was gerade um ihn herum passiert. So hast du ein wertvolles Werkzeug, um ihn in schwierigen Situationen zu erreichen und ihn vor potenziellen Konflikten zu bewahren.

DER SCHLÜSSEL ZUR DEESKALATION: BLICKKONTAKT UNTERBRECHEN

Gerade bei Hundebegegnungen kommt es oft zu einer angespannten Situation, in der sich die Hunde gegenseitig fixieren und in eine Art „Blick-Duell“ verwickeln. Diese Fixierung kann die Erregung steigern und potenziell zu unerwünschtem Verhalten führen. Das „Schau!“ ermöglicht es dir, diese Dynamik zu unterbrechen, indem du die Aufmerksamkeit deines Hundes auf dich lenkst und ihn aus der Fixierung löst. Indem du deinen Hund aus dieser Blickfixierung löst, gibst du ihm die Chance, sich nicht weiter aufzuregen. Deswegen ist das „Schau“ eine wunderbare Geschichte, aber es muss gut aufkonditioniert sein.

2

3

„Wechsel die Seite hinter dem Rücken“

Eine tolle Übung, die dir in Hundebegegnungen helfen kann, ist das „Wechsel die Seite hinter dem Rücken“. Der Clou: Du bringst deinem Hund bei, auf dein Signal hin die Seite zu wechseln und hinter deinem Rücken auf die andere Seite zu laufen.

Das ist nicht nur ein beeindruckender Trick, sondern auch eine super Möglichkeit, die Kontrolle in potenziell schwierigen Situationen zu behalten.

WARUM DIESE ÜBUNG SO WERTVOLL IST

Aufmerksamkeit umlenken: Anstatt sich auf den anderen Hund zu fixieren, lernt dein Hund, sich auf dich zu konzentrieren und dein Signal zu befolgen.
Distanz schaffen: Du kannst den Abstand zum anderen Hund vergrößern, indem du dich zwischen die Hunde stellst – du bist der sichere Puffer.
Kontrolle übernehmen: Du zeigst deinem Hund, dass du die Situation im Griff hast und er sich auf dich verlassen kann – *wieder bist du der Superheld!*
So bringst du deinem Hund den „Seitenwechsel“ bei:
1. Die Grundstellung: Beginne in einer ruhigen Umgebung, in der dein Hund nicht abgelenkt ist. Stelle sicher, dass er die Grundstellung beherrscht. (Schaue dir hierzu ggf. noch mal das „Ran“ an!) Es ist wichtig, dass dein Hund an deiner Seite ist, bevor du mit der Übung beginnst.
2. Zauberhand oder locken mit Keks (Handführung beachten!): Führe deinen Hund hinter deinem Rücken zur anderen Seite. Hier ist die Handführung wichtig:
– Befindet sich dein Hund rechts von dir, lockst du ihn mit der linken Hand.
– Befindet sich dein Hund links von dir, lockst du ihn mit der rechten Hand.
Dein Hund soll dir mit seiner Nase folgen.
3. Der Clickmoment & Belohnung: In dem Moment, in dem sich dein Hund ungefähr in der Mitte hinter deinem Rücken befindet, clickst du (oder gibst dein Markersignal), gibst ihm aber den Keks erst, sobald er die andere Seite erreicht hat.
4. Ausschleichen des Kekses: Wenn du nicht mit der Zauberhand arbeitest, sondern noch mit dem Keks lockst, dann reduziere die Keksgabe nach und nach und ersetze sie durch das Führen mit der Hand.
5. Das Signalwort: Sobald dein Hund die Übung verstanden hat, kannst du ein Signalwort einfüh-

1

1 Atticus ist links, ich locke ihn mit der rechten Hand.

2 In der Mitte, hinter meinem Rücken markere ich.

3 Er folgt meiner Hand.

4 Atticus hat die Seiten gewechselt.

ren, zum Beispiel „Seite!“ oder „Wechsel!“. Sage das Signalwort *kurz bevor* du die Bewegung ausführst.

6. Generalisierung: Übe die Übung an verschiedenen Orten und in unterschiedlichen Situationen, um sie zu festigen. Zuerst **ohne** große Ablenkung.

Mit etwas Übung wird dein Hund zum wahren „Seitenwechsel-Profi“ und du zum Meister des Hunde-Sandwiches! Und wer weiß, vielleicht rettet euch dieser Trick eines Tages aus einer brenzligen Situation.

2

3

4

Wichtige Tipps

Sei geduldig und gib deinem Hund Zeit, die Übung zu verstehen.

Achte auf ein positives und motivierendes Training.

Steigere die Schwierigkeit langsam und überfordere deinen Hund nicht.

Nutze die Übung in Hundebegegnungen, um die Aufmerksamkeit deines Hundes auf dich zu lenken und die Situation zu kontrollieren.

Filme dich dabei, damit du deine Körpersprache sehen kannst und dir sicher bist, dass du „richtig“ sprichst.

„Hinten!“: Dein Hund in Sicherheit – Werde zum Superheld!

Mit dem Signal „Hinten“ bringst du deinen Hund gezielt aus einer potenziell schwierigen Situation heraus und schaffst für ihn eine sichere Zone direkt hinter dir.

Die Ausgangsposition: Wir starten wieder mit dem „Ran“.

Betty und der innere Hulk: Vom Unsicherheits- zum Entspannungshund

Ich möchte euch heute Betty vorstellen. Sie ist ein typischer Junghund, voller Energie, aber irgendwie auch ein bisschen unsicher. Immer wenn Betty und ihre Halterin unterwegs waren und ihnen Menschen begegnet sind, hat sich Betty aufgeführt wie King Louis persönlich. Sie sprang in die Leine, bellte, regte sich furchtbar auf. Meine Kundin war irgendwann wirklich verzweifelt. Sie fragte mich: „Warum macht Betty das eigentlich? Zu Hause ist sie eine ganz Liebe und eigentlich ist sie sogar eher schüchtern, aber draußen benimmt sie sich wie ein kleiner Hulk!“

Betty war nämlich fest davon überzeugt, sie müsse ihr Frauchen beschützen. Das Problem daran war nur, dass sie selbst ordentlich unsicher war und mit dieser Verantwortung total überfordert. So etwas kennen wir übrigens auch von manchen Menschen: Wer in sich ruht, bleibt meist gelassener, wer aber einfach nur so tut, als wäre er stark, wird gerne laut und aufgeregt. Betty zeigte sich von außen groß, doch innerlich fehlte ihr einfach die Sicherheit. Meine Kundin war nicht mehr weitergekommen, fühlte sich hilflos und wusste nicht mehr, wie sie

Betty zur Gelassenheit zurückbringen sollte. Genau da kam unser „Hinten"-Training ins Spiel. Ich zeigte ihr, wie sie Betty ein klares Signal und echte Führung gibt – und plötzlich entspannte sich ihr Hund zusehends. Betty konnte die Verantwortung endlich abgeben, ihr Frauchen übernahm die Rolle der Heldin, und wie von Zauberhand wurden die Spaziergänge viel ruhiger.

Das Schönste kam am Ende von meiner Kundin selbst: Sie beschrieb, wie Betty endlich anfangen konnte, die gemeinsamen Ausflüge zu genießen, weil sie nicht mehr auf alles selber aufpassen musste. Genau das zeigt, wie wichtig es ist, seinem Hund Sicherheit zu geben und ihm zu zeigen, dass du die Verantwortung übernimmst. Und genau dafür ist der Trick „Hinten" da – damit dein Hund entspannt direkt hinter dir bleibt und du ihm den Rücken stärkst.

WARUM IST DAS „HINTEN!" SO WERTVOLL?

Sicherheit schaffen: Dein Hund soll nicht vor oder neben dir stehen, sondern sich wirklich hinter dir einfinden. Dort kann er durchatmen und sich in Sicherheit wiegen. Du gibst deinem Hund damit das beruhigende Gefühl, dass du schützend vor ihm stehst.

Kontrolle übernehmen: Mit dieser Übung signalisierst du deinem Hund ganz eindeutig, dass DU die Kontrolle übernimmst. Dein Hund muss nicht mehr selber entscheiden, wie er reagieren soll. Stattdessen kann er dir vertrauen und sich darauf verlassen, dass du ihn in jeder Situation beschützt.

Jetzt kommt wieder die Zauberhand zum Einsatz.

Sei das Schutzschild für deinen Hund!

Impulskontrolle fördern: Dein Hund lernt, seinen eigenen Impuls zu kontrollieren und auf dein Signal zu hören. Das heißt für ihn: Es lohnt sich, auf dich zu achten und deinem Zeichen zu folgen, anstatt kopflos der ersten Eingebung nachzugeben.
Vertrauen stärken: Durch diese klare und ruhige Herangehensweise wächst das Vertrauen zwischen dir und deinem Hund. Er erfährt, dass du für ihn da bist, ihn beschützt und er sich immer auf dich verlassen kann, egal was unterwegs passiert.

So bringst du deinem Hund das „Hinten!" bei:
1. Die Grundstellung: Beginne in einer ruhigen Umgebung, in der dein Hund nicht abgelenkt ist. Stelle sicher, dass er die Grundstellung beherrscht. (Schaue dir hierzu ggf. noch mal das „Ran" an!) Es ist wichtig, dass dein Hund eng an deiner Seite steht, bevor du mit der Übung beginnst.
2. Locken (Handführung beachten!): Befindet sich dein Hund rechts von dir, dann führst du ihn über seine rechte Seite hinter deinen Rücken. Steht dein Hund links von dir, drehst du ihn aus der Grundstellung über seine linke Schulter hinter deinen Rücken.
3. Der Clickmoment: Sobald sich dein Hund direkt hinter dir befindet, egal ob er sitzt oder steht, gibst du dein Markersignal. Das kann ein Click oder auch dein Markerwort sein.
4. Belohnung: Jetzt kommt die Belohnung. Gib deinem Hund den Keks, am besten hinter deinem Rücken, sodass er ihn dort entspannt nehmen kann. Das ist bequem für deinen Hund und sorgt dafür, dass er genau an dieser Position auch gerne bleibt und nicht wieder zu dir nach vorne kommt.
5. Auflösen: Denk dran, du brauchst kein extra „Bleib". Wenn dein Hund die Aufgabe gemacht hat, löse ihn direkt mit deinem gewählten Signal wieder auf. So weiß er immer ganz genau, wann die Übung vorbei ist.
6. Gerne auch im Sitz? Du kannst jetzt einfach dein Clickmoment verändern. Führe ihn hinter deinen Rücken, ziehe ihn mit deiner Zauberhand ins „Sitz" (evtl. hilfst du noch

Wichtige Tipps

Sei geduldig und erwarte nicht zu viel auf einmal.

Achte auf ein positives und motivierendes Training.

ein paar Mal mittels eines Hörsignals „Sitz"), dann markerst du erst, wenn der Hund sitzt und löst ihn dann auf.

7. Das Signalwort: Sobald dein Hund die Übung sicher verstanden hat, kannst du ein Signalwort wie „Hinten!" einführen. Sage das Signalwort kurz bevor du deine Handbewegung machst, damit der Hund beides richtig verknüpfen kann.

8. Generalisierung: Übe diese Übung an möglichst vielen verschiedenen Orten und in unterschiedlichen Situationen. So wird dein Hund richtig sicher und kann „Hinten!" auch schwierigen Alltagssituationen zuverlässig zeigen.

WAS KANN SCHIEFGEHEN?

Auch beim „Hinten!" gibt es ein paar Stolpersteine, auf die du achten solltest:

Der Hund versteht die Übung nicht: Falls dein Hund Schwierigkeiten hat, die Übung zu verstehen, ist das kein Problem. Gehe einfach einen Schritt zurück und beginne wieder mit einfacheren Übungen für Koordination und räumliches Verständnis. So gibst du deinem Hund die Chance, erst einmal die Grundlagen zu festigen.

Der Hund will nicht hinter dich: Manche Hunde finden es am Anfang komisch oder unangenehm, sich direkt hinter ihren Menschen zu positionieren. Baue die Übung deshalb ganz langsam auf. Führe deinen Hund in kleinen Etappen immer näher an die neue Stelle heran und gib ihm ruhig Zeit, sich daran zu gewöhnen.

Der Hund ist zu aufgeregt: Wenn dein Hund bei anderen Hunden viel zu aufgeregt ist, um auf das Signal „Hinten!" zu reagieren, übst du zunächst in ruhigen, bekannten Umgebungen. Erst wenn das klappt, steigerst du langsam die Ablenkung.

Mit ein bisschen Geduld und klarer Linie klappt es am Ende. Dein Hund lernt, dass er beim Signal „Hinten!" zuverlässig in einen sicheren Hafen geführt wird – und ihr beide könnt schwierige Situationen viel entspannter meistern.

Achtung! Eine reaktive Hundebegegnung kann sowohl durch mangelnde Impulskontrolle als auch durch eine geringe Frustrationstoleranz entstehen, und nicht selten sind beide Themen ein bisschen im Spiel. Wichtig zu wissen ist, dass weder das eine noch das andere bei Hundebegegnungen endlos hält. Es kann passieren, dass dein Hund bei vier Begegnungen noch ganz souverän bleibt, aber bei der fünften Begegnung reißt plötzlich der Geduldsfaden. Oder es klappt an manchen Tagen nur bei zwei Kontakten, danach ist die Luft raus. Das ist völlig normal.

Was viele vergessen: Auch am nächsten oder sogar übernächsten Tag kann dein Hund müde oder irgendwie „durch" wirken, wenn es zuvor viele aufreibende Begegnungen gegeben hat. Dann braucht nicht nur der Körper eine Pause, sondern auch die Seele deines Hundes. Ich nenne das gerne den Seelenmuskelkater. Gönne deinem Hund nach solchen Tagen viel Ruhe und weniger neue Eindrücke, damit er wieder entspannt und gestärkt ins nächste Abenteuer starten kann. Manchmal hilft es, einfach mal zwei oder drei Tage Pause zu machen und gemeinsame Zeit ohne große Herausforderungen zu genießen.

Das Signal „Weiter!“ – Auf zum nächsten Abenteuer

Jetzt kommt ein Signal, das dir und deinem Hund im Alltag wirklich viel Leichtigkeit schenken kann: das „Weiter!“. Es ist manchmal einfach nötig, den Hund höflich und dennoch konsequent aufzufordern, gemeinsam weiterzugehen.

Das ist zum Beispiel nützlich, wenn beim Spaziergang eine besonders spannende Schnüffelstelle lockt oder dein Hund am liebsten auf eigene Faust unterwegs wäre. Ein fröhliches „Weiter!“ wirkt oft Wunder, auch bei Hundebegegnungen. In meinem Training ist dieses Signal sogar ein echtes Herzstück beim Anti-Giftköder-Training.
Das Ziel von „Weiter!“ ist, dass dein Hund auf deine freundliche Einladung hin seine Aufmerksamkeit wieder zu dir lenkt und mit dir weitergeht – und zwar ohne, dass an der Leine gezogen oder herumdiskutiert wird. Hier liegt das Geheimnis: **Die Leine bleibt locker!** Gibst du das Signal bei gespannter Leine, nimmt dein Hund es nicht als Einladung wahr, sondern verbindet es schnell mit Zug. Das animiert ihn meistens dazu sich gegen den Zug zu stemmen – Druck erzeugt Gegendruck.

1 Wir lassen beim „Weiter“ die Leine immer schön locker.

2 Und laden unseren Hund mit einem freundlichen „Weiter“ – so wie Gesa Edda – zum Weitergehen ein.

1

2

So übst du das „Weiter!" richtig:

1. Ruhige Umgebung: Starte in einer möglichst ruhigen Umgebung, in der du dich gut konzentrieren kannst und auch dein Hund nicht zu sehr abgelenkt ist.

2. Dein Hund schnüffelt: Sprich ruhig dein Signalwort „Weiter!" aus, lade ihn freundlich mit deiner Körpersprache ein (leicht zur Seite geneigt, einladende Handbewegung, geöffnete Schulter).

3. Duales Feedback: Die Leine bleibt entspannt. Reagiert dein Hund nicht, kommt eine klare, aber ruhige Korrektur. Halte kurz inne, wiederhole freundlich das „Weiter!", und lade ihn erneut ein, mitzukommen.

4. Wiederhole dieses kleine Ritual: Signal setzen, Leine locker lassen, freundlich einladen. Geht dein Hund immer noch nicht mit, folgt ein ruhiges „Nein" und danach ein weiterer freundlicher Versuch. Sobald dein Hund auf das „Weiter!" reagiert und entspannt losläuft, wird sofort belohnt und gelobt. Damit zeigst du ihm, dass sich entspanntes Folgen immer auszahlt.

5. Bleib in deiner Linie freundlich und konsequent. Dein Hund wird das Prinzip schnell verstehen, vor allem, wenn du ruhig und deutlich bleibst. Viele Menschen neigen dazu, das Signal plötzlich mit Zug auf der Leine zu verknüpfen, oder sie lockern die Leine zu früh, wenn der Hund noch gar nicht mitmacht. Sei also achtsam, damit „Weiter!" als das wahrgenommen wird, was es sein soll – eine freundliche Einladung, kein Streitpunkt.

1

2

3

1 Pitti möchte gerne hinter seinem Frauchen hinterher-

2 Ich lade ihn aber mit einem freundlichen „Weiter" ein, mit mir mitzukommen.

3 Ohne Zug auf der Leine.

Wenn du diese klare Linie einhältst und geduldig bleibst, wird „Weiter!" schnell ein supereinfaches, hilfreiches Signal in eurem Alltag werden. Plötzlich fühlt sich jeder Spaziergang wie ein kleines gemeinsames Abenteuer an.

DER RÜCKRUF

FREUDE

Ihr dürf euch gerne freuen, wenn euer Hund zu euch gelaufen kommt.

Freiheit durch Vertrauen

Dieses Kapitel gibt deinem Hund echte Freiheit. Je besser der Rückruf trainiert ist, desto öfter kann dein Hund ohne Leine laufen. Und plötzlich stellt ihr beide fest: Eure Beziehung wird enger, weil ihr euch aufeinander verlassen könnt.

Wir wollen das Rückrufsignal verbindlich aufbauen, damit darauf immer Verlass ist.

Wer von euch kennt das nicht? Du rufst deinen Hund und er zeigt dir bildlich gesprochen den Mittelfinger. Da wird gegrast, geschnüffelt, ein Hase erträumt ... nur zu dir kommt er nicht. Aber hey, das Buch heißt nicht umsonst **„Hundeerziehung leicht gemacht!“** Natürlich habe ich auch für den Rückruf einen wertvollen Tipp für dich.

Viele Hundehalter machen den klassischen Fehler, dass sie sofort, wenn der Hund einzieht, mit dem Rückruf starten – ohne, dass der Hund überhaupt weiß, was dieses „Hier“ oder „Komm her“ überhaupt bedeutet. Er reagiert nicht auf das Wort, sondern auf deine Gesten: Vielleicht lockst du mit dem Körper, klopfst auf den Oberschenkel, schnalzt, pfeifst oder wirfst dich fast auf den Boden, und der Hund kommt – wenn überhaupt – auf deine Körpersprache, nicht aufgrund des Signals. Das Rückrufwort selbst hat für ihn keinerlei Bedeutung. Deshalb ist es so wichtig, deinem Hund ganz bewusst beizubringen, was das Rückrufsignal wirklich bedeutet, also welches Verhalten du dir wünschst, wenn du das Wort „XY“ rufst. Welches Wort du dafür verwendest, bleibt natürlich dir überlassen. Das Entscheidende ist nur, dass es nicht überall und ständig im Alltag fällt und für deinen Hund ganz klar ein Highlight ankündigt. Er soll wissen, jetzt lohnt es sich so richtig, zu dir zu kommen.

WARUM EIN ZUVERLÄSSIGER RÜCKRUF SO WERTVOLL IST

Freiheit macht einfach glücklich – und ein glücklicher, souveräner Hund ist insgesamt entspannter und in seiner Umwelt sicherer unterwegs.
Im Freilauf kann dein Hund am besten lernen, wie „Hundesprache" wirklich funktioniert: Er kann anderen Hunden mit freundlichen Bögen ausweichen, eigene Wege gehen, Spielangebote machen – und sich auch mal blitzschnell umentscheiden. Spiel mit dir wird draußen zum echten Miteinander. Rennen, buddeln, sich wälzen, albern sein – endlich Hund sein! Und auch für dich gibt es viele Vorteile: Weniger Leinengewirr, mehr Freude und weniger Stress beim Spaziergang. Gleichzeitig bist du entspannter, weil du weißt, dass der Hund im Zweifel sicher zu dir zurückkommt.

Freiheit bedeutet noch mehr: Dein Hund kann häufiger mitkommen, erlebt mehr Alltag, ist dabei, wenn du unterwegs bist oder mit der Familie Ausflüge machst. Starke Auslastung, sowohl körperlich als auch geistig, bekommt er ganz nebenbei. Mit einem guten Rückruf steigt nicht nur die Sicherheit für deinen Hund (keine Gefahr durch Straßen, Jäger oder Giftköder), sondern auch deine eigene Gelassenheit im Alltag. Ein zuverlässiger Rückruf ist Freiheit und die Basis für ein glückliches Hundeleben!

Junghündin Holly muss noch überlegen – war sie gemeint?

BEVOR ES LOSGEHT: DEINE AUFGABE

Du weißt ja jetzt: Es ist ein Mitmachbuch. Setz dich einen Moment hin und nimm dir die Zeit, aufzuschreiben, in welchen Situationen der Rückruf bei euch nicht klappt. Sei ehrlich: Wann ist dein Hund schwer abrufbar? Welches Belohnungsmittel hast du bislang eingesetzt und wie hat dein Hund darauf reagiert?
Notiere dir alles. Halte vor und nach jedem Training fest, welche Art von Verstärker am besten funktioniert – du wirst mit der Zeit ein Gefühl dafür bekommen, womit dein Hund wirklich begeistert zu dir gerannt kommt. Hier kommt deine am Anfang des Buches erstellte „Belohnungsliste" wieder ins Spiel.
Überlege dir, was dein Hund tatsächlich als Belohnung empfindet. Nicht jeder Hund tickt gleich – ein Retriever lässt sich oft mit Futter begeistern,

Albert ist freudig auf dem Weg zu Frauchen.

ein Dackel vielleicht mit einer tollen Buddelstelle, ein Hütehund findet gemeinsames Laufen oder das Mitmachen bei Bewegungen spannend. Erstelle dir eine **Rückruf-Belohnungsliste!** Nur wenn du weißt, was für deinen Hund wirklich motivierend ist, kannst du im Training angemessen belohnen und echte Erfolge erzielen. Lass den Gedanken los, dass dein Hund etwas „für dich" machen muss. Schau, was er wirklich gerne mag, und was euer echtes Ziel ist. Die vier W-Fragen können dir beim Erstellen deines Feinziels helfen:

– WAS soll der Hund tun?
– WANN soll der Hund das Verhalten zeigen?
– WO soll der Hund das Verhalten zeigen?
– WIE LANGE soll der Hund das Verhalten zeigen?

Mein Beispiel für einen Rückruf:

– WAS: Wenn ich „Hiiiiier" rufe, soll mein Hund innerhalb von zwei Sekunden umdrehen, zügig zu mir kommen und so lange bei mir bleiben, bis ich ihn mit dem Auflösesignal freigebe. Er kann rechts, links oder vor mir „landen". Er kann mich anschauen oder nach vorne blicken. Er kann gehen, stehen oder sitzen; wichtig ist, dass er „bis auf eine Armlänge zu mir" bleibt.

– WANN: Wenn ich ihm das Signal „Hiiiiier" gebe.

– WO: Überall.

– WIE LANGE: Bis ich ihn mit meinem Freigabesignal „Djuke" freigebe. Das ist mein perfekter Rückruf. Deiner kann ganz anders aussehen. Vielleicht möchtest du, dass dein Hund zu dir kommt und sich an deine linke Seite setzt. Vielleicht reicht es dir aber auch, wenn dein Hund bis zu 1 m zu dir kommt. Du entscheidest, und das ist auch gut so. Jeder hat sein eigenes Feinziel, mit dem er im Alltag gut zurechtkommen sollte.

UND WARUM ÜBERHAUPT EIN GERÄUSCH UND NICHT GLEICH EIN WORT?

Der Grund ist ganz einfach: Für Hunde ist ein Geräusch viel klarer und neutraler als ein gesprochenes Wort. Während wir beim Sprechen oft unbewusst unsere Stimmung und Emotionen transportieren, bleibt ein konditioniertes Geräusch immer gleich. Vielleicht hast du es selbst schon einmal erlebt: Nach einem ohnehin schon stressigen Tag, wenn dein Hund mal wieder vorneweg marschiert, rufst du ihn mit leicht genervtem Tonfall zurück. Oder es ist ein besonders schöner Tag und du hast richtig gute Laune, dann klingt dein Rückruf ganz besonders freundlich und einladend. So oder so – in unseren Worten schwingt immer unsere aktuelle Gemütslage mit.

Dein Hund nimmt diese feinen Unterschiede in deiner Stimme sofort wahr und reagiert darauf. Ein Geräusch hingegen bleibt immer stabil, unabhängig von deiner Stimmung. Es ist

Albert: Habe ich da meinen Namen gehört?

für deinen Hund einfach ein klarer, neutraler Hinweis: Wenn das Geräusch ertönt, lohnt es sich für mich, zum Menschen zu rennen! Genau das macht den Rückruf mit einem zusätzlichen neutralen Signal so effektiv.

Auf die Reihenfolge kommt es an!

Bevor du mit dem eigentlichen Training loslegst, möchte ich noch einmal gezielt auf einen wichtigen Stolperstein eingehen, der im Alltag immer wieder auftaucht. Denn beim Aufbau des Rückrufs – besonders, wenn du ein neues Geräusch als Signal nutzen möchtest – ist die richtige Reihenfolge entscheidend.

Zur Erinnerung: Die Belohnung (ich nehme hier der Einfachheit halber mal einen Keks) ist für deinen Hund das absolute Highlight. Das Geräusch, auf das du den Rückruf aufbaust, darf niemals einfach „untergehen" oder unwichtig erscheinen! Was viele falsch machen, ist, dem Hund bereits den Keks unter die Nase zu halten und erst danach das Geräusch zu machen. Doch dann zählt nur noch der Keks und das Geräusch gerät zur Nebensache – es verpufft einfach nebenbei.

Albert: Ich warte mal ab, was hinter meinem Namen kommt.

So startest du: Geräusch-Konditionierung

Beginne mit einem neutralen Geräusch: zum Beispiel einem Schnalzen oder einem markanten Laut, den dein Hund nicht schon aus dem Alltag kennt.

Konditioniere dieses Geräusch klassisch: Der Hund hört es, bekommt sofort eine tolle Belohnung. Je öfter du das wiederholst und je aufregender die Belohnung, desto schneller und stärker wird die Verknüpfung sein. Falls du dir unsicher bist, gehe noch einmal zum Kapitel: Markersignal.

Aber Achtung: Das Geheimnis liegt darin, das Geräusch häufig bzw. länger zu machen und nicht nur einmal zu schnalzen (wie beim Markersignal). Besonders wenn du einen Welpen hast oder vielleicht einen Hund aus dem Tierschutz, benötigen wir etwas, das wir kontinuierlich wiederholen können, bis der Hund bei uns ist. Mit einem einzigen Geräusch würde das nicht funktionieren.

So machst du es richtig:

Halte die Kekse bewusst außer Sichtweite, etwa hinter deinem Rücken, außerhalb der Reichweite deines Hundes. Erst machst du das Geräusch – schnalzen, pfeifen, klackern, was immer ihr gewählt habt – und dann (direkt im Anschluss) bekommt dein Hund den Keks. Die Reihenfolge ist entscheidend: Geräusch – klitzekleine Pause – Belohnung. So verknüpft dein Hund das Geräusch zuverlässig mit einer tollen Belohnung und reagiert künftig gezielt darauf.

Praktischer Tipp

Nimm für das Training besonders wertvolle Leckereien, die normalerweise nicht im Alltag auf den Hund warten. Jetzt ist nicht der Moment für das alte Trockenfutter, sondern es darf ruhig Fleischwurst, Käse oder Lieblingswurst sein. Je besonderer, desto besser wirkt die Konditionierung!

1

2

1 Holly schaut ganz interessiert, was es mit dem Schnalzen auf sich hat.

2 Der Keks wird „reingerumst".

3

3 Die ersten Male ist es völlig o. k. – der Keks kommt zum Hund, nicht der Hund zum Keks.

DER RÜCKRUF-KREIS: TEAMARBEIT ALS TRAININGS-BOOSTER

Wenn dein Hund das neu gewählte Geräusch bereits so zuverlässig verknüpft hat, dass er wirklich **jedes Mal** darauf reagiert, kannst du mit dem nächsten Schritt weitermachen. Und sei dabei ehrlich mit dir selbst: Das Ziel ist, dass dein Hund zehn von zehn Mal kommt, wenn du das Geräusch machst – nicht acht oder neun Mal, sondern wirklich zehn Mal. Erst bei einer **100-prozentigen Erfolgsquote** lohnt es sich, das Training zu steigern. Jetzt brauchst du einen Trainingspartner (oder später auch gern mehrere). Zusammen nehmt ihr eure besten, extra hochwertigen Kekse (Belohnungen), die für deinen Hund wirklich eine Zehn von Zehn sind! Setzt euch mit etwas Abstand zueinander auf den Boden oder auf zwei Stühle.

So funktioniert der Rückruf-Kreis

– Eine Person gibt das konditionierte Geräusch. Kommt der Hund, erhält er sofort seine tolle Belohnung.

– Anschließend ist die andere Person an der Reihe: Sie macht das Geräusch, der Hund läuft zu ihr und bekommt dort ebenfalls seine Belohnung.

1

1 Es wurde sich der Keks bei Herrchen abgeholt.

2 Hier kam das Geräusch doch von Frauchen – nix wie hin da.

Ganz wichtig!

Der Keks bleibt immer hinter dem Rücken, bis das Geräusch ertönt und der Hund auf dem Weg ist. Ziel ist es, dass der Hund dem Geräusch folgt, nicht dem Futter. Ihr wollt keinen Hund, der einfach von Keks zu Keks läuft, sondern einen, der auf euer Geräusch reagiert – egal, woher es kommt.

Achte unbedingt darauf, dass der Hund wirklich auf das Geräusch hin kommt und nicht einfach so zur anderen Person läuft. Viele Hunde sind sehr clever und merken schnell, wie das Spiel funktioniert. Wenn dein Hund also „schummelt" und nach dem Keks von Person eins direkt zu Person zwei läuft, noch bevor das Geräusch überhaupt ertönt ist, bekommt er dort keinen Keks. In diesem Fall macht Person eins einfach erneut das Geräusch, um den Hund wieder richtig darauf aufmerksam zu machen. Erst wenn dein Hund bewusst auf das Signal aus der richtigen Richtung reagiert und zu Person eins zurückkommt, gibt es wieder eine Belohnung.

2

So stellst du sicher, dass dein Hund lernt: Nicht das bloße Wechseln zwischen den Personen führt zum Keks, sondern ausschließlich das gezielte Reagieren auf das Geräusch. Genau darum geht es im Rückruf-Kreis – der Hund soll nicht einfach zwischen den Menschen hin und her laufen, sondern immer aufmerksam auf das bestimmte Signal achten.

Du kannst den Rückruf-Kreis wunderbar anpassen und erweitern, wenn du möchtest: Erhöhe zunächst die räumliche Distanz zwischen den Personen. Vielleicht sitzt ihr zuerst in einem Raum, dann wechselt ihr, sodass eine Person im Wohnzimmer und die andere im Flur ist. Im Freien kann der eine am Ende des Gartens stehen und der andere gegenüber. Je weiter die Distanz, desto spannender wird für deinen Hund die Aufgabe!

Natürlich kannst du auch mehrere Menschen in den Kreis holen. Ob Familie oder befreundete Hundemenschen – je abwechslungsreicher, desto besser festigt sich der Rückruf. Wichtig ist nur, dass sich ALLE an die Regeln halten: Erst kommt das Geräusch, und wirklich erst, wenn der Hund auf das Signal reagiert und bei der jeweiligen Person angekommen ist, gibt es die Belohnung.

So lernt dein Hund, dass nicht einfach Hin-und-Herlaufen belohnt wird, sondern gezieltes Zuhören, Aufmerksamkeit und Zuverlässigkeit. Deine Geduld und Konsequenz – und die deiner Trainingspartner – sorgen dafür, dass der Rückruf jetzt richtig sitzt und dein Hund im Alltag sicher abrufbar wird!

Das Signal: 100%iger Rückruf – sonst wird's teuer!

Auch hier gilt wieder meine berühmte 100-Prozent-Regel. Bevor du den nächsten Trainingsschritt wagst, solltest du dir wirklich absolut sicher sein, dass dein Hund das Geräusch auch verstanden hat und zuverlässig zu dir kommt.

Stell dir das so vor: Wenn du das Signal zehnmal gibst, sollte dein Hund auch zehnmal zackig und bestens gelaunt angerannt kommen. Kein Wenn und Aber.
Um wirklich ehrlich mit dir selbst zu sein, nutze gerne meinen kleinen Trainingsspaß: Stell dir vor, du würdest jedes Mal, wenn dein Hund nicht zuverlässig auf dein Geräusch reagiert, per Direktüberweisung vom Universum 10.000 € an mich verlieren! Das klingt erst mal lustig, macht aber sofort klar, wie wichtig es ist, beim Training nicht zu schummeln oder ein Auge zuzudrücken. Du solltest wirklich so sicher sein, dass du darauf wetten würdest, dass dein Hund sofort kommt – sonst bist du (theoretisch) 10.000 € los.

Erst wenn du diese absolute Zuverlässigkeit hast, ist es Zeit, dein gewünschtes Rückrufsignal, zum Beispiel „Hiiiiiier!“, einzuführen: Du sagst das Signal, und erst danach kommt das konditionierte Geräusch. So lernt dein Hund schrittweise, das neue Wort mit dem sicheren Kommen zu verknüpfen.
Warum machen wir das überhaupt so? Ganz einfach: Wir Menschen sind mit Worten oft ganz schön schwankend. Mal freundlich, mal genervt, mal voller Herz – unser Hund spürt das alles mit. Geräusche sind für deinen Hund dagegen glasklar. Einmal konditioniert, bleibt das Signal immer gleich, egal ob dir gerade nach Champagner oder nach Baldrian ist. So bleibt dein Rückruf für deinen Hund

1 Denkt immer daran, dass ihr Spaß habt!

2 Freut euch immer ganz außerordentlich, wenn der Hund die tolle Schnüffelstelle liegen lässt und zu euch kommt.

ein fester Anker, auch wenn drum herum die Party oder das Chaos tobt.

ZUSATZ-TIPP: RÜCKRUF MIT BEWEGUNG

Das i-Tüpfelchen für den Spaß

Du kannst dein Rückruftraining noch spannender und motivierender gestalten, indem du dich selbst in Bewegung setzt. Viele Hunde lieben es, wenn ihr Mensch plötzlich selbst richtig Tempo macht – es weckt das Jagd- und Rennspiel und bringt eine Extraportion Freude ins Training. Wenn dein Hund schon verstanden hat, dass zum Beispiel ein fröhliches „Hiiiiier!" ein echtes Highlight ankündigt, dann setze noch einen drauf: Sage erst dein Signal und sause dann mit Schwung ein paar Schritte weg. **Achtung: Schnell nach dem Rufen vom Hund wegschauen!** Für die meisten Hunde ist das das beste Spiel der Welt. Sie werden dich voller Begeisterung jagen und im Galopp zu dir zurückkommen.

Wenn dein Hund dich dann erreicht, belohnst du ihn besonders großzügig. Mach ein richtiges Event daraus, damit er dieses Erfolgserlebnis mit dem Rückruf verbindet. Ihr beide habt viel Spaß, eure Beziehung wird enger und der Rückruf klappt beim nächsten Mal gleich **noch** besser. Probier es aus – manchmal ist gemeinsames Rennen wirklich der beste Rückrufverstärker!

Das Keep-Going-Signal: Dranbleiben lohnt sich!

Bevor ich dir erkläre, wie das Keep-Going-Signal funktioniert, lass mich dir eine typische Szene aus meinem Hundetrainer-Alltag erzählen.

Immer wieder denke ich an Rakete (und ja, der Name ist Programm!). Rakete hatte eigentlich einen ziemlich guten Rückruf. Zumindest, so lange er nichts anderes Spannendes vorhatte. Seine Halterin erzählte mir immer, dass er seinem Namen alle Ehre macht und bei ihr wie eine Rakete angerast kommt – aber eben nur dann, wenn nicht gerade ein sensationeller neuer Geruch in der Luft hing. Dann war Schluss mit dem Raketenmodus: Er schaltete dann auf Ignore-Modus und hatte scheinbar alles um sich herum vergessen, bis er fertig geschnüffelt hatte. Erst danach schlenderte er in aller Ruhe zurück zu seinem Menschen, durchaus zufrieden mit sich und der Welt. Kommt dir das bekannt vor? Genau für solche Fälle gibt es das Keep-Going-Signal!

1

1 Wir sollten immer dem Hund das Gefühl geben, dass es toll ist, zu uns zu kommen.

2 Und denkt daran, egal wie alt der Hund ist, es sollte immer mal wieder belohnt werden, dass er zu uns kommt.

WAS BRINGT EIN KEEP-GOING-SIGNAL?

Manchmal macht sich ein Hund auf den Weg zu dir – und vergisst unterwegs, wo er eigentlich hinwollte. Ein spannendes Blatt, ein Geruch, ein Vogel am Wegesrand ... und schon ist dein Rückruf nur noch eine leise Erinnerung. Mit dem Keep-Going-Signal hilfst du deinem Hund,

fokussiert und motiviert auf dem Weg zu dir zu bleiben. Du hältst ihn sozusagen bei Laune. Das Keep-Going-Signal bedeutet für deinen Hund so viel wie: „Ja, du bist auf dem richtigen Weg – bleib dran!“ Es funktioniert wie ein freundlicher Begleiter, der ihn auf dem Rückruf unterstützt – vor allem, wenn die Strecken mal länger oder die Versuchungen am Wegrand besonders groß sind.

Wie baust du dein Keep-Going-Signal auf?

1. Wähle ein einfaches, kurzes Wort: Zum Beispiel „Supi, supi, supi!“, „Zack, zack“ oder „Go, go, go!“ Das Wort sollte schnell hintereinander gesagt werden können und dir leicht über die Lippen gehen. Es sollte noch nicht durch andere Alltagsverknüpfungen verbraucht sein.

2. Beginne mit der Handführung: Halte ein hochwertiges Leckerli direkt vor die Nase deines Hundes. Bewege dich rückwärts vom Hund weg, sodass dein Hund dir folgt. Während er folgt, sagst du fröhlich dein Keep-Going-Signal.

3. So entsteht die Verknüpfung: Am Ende bekommt dein Hund sein Leckerli als große Belohnung. Er lernt: Immer wenn ich dieses Wort höre, lohnt es sich, einfach weiter dranzubleiben – es passiert gleich etwas richtig Gutes!

4. Baue das Signal beim Rückruf ein: Wenn du dich sicher fühlst, dass dein Hund zu dir kommt, kannst du das Signal während eines echten Rückrufs nutzen. Dein Hund soll merken: Auch wenn es unterwegs verführerisch riecht oder aussieht, das „Supi, supi, supi!“ klingt nach Abenteuer – und am Ende gibt es die große Belohnung.

Wofür kannst du das Keep-Going-Signal noch verwenden?

Das Keep-Going-Signal eignet sich nicht nur für den Rückruf. Du kannst es auch ganz wunderbar bei allen Übungen einsetzen, bei denen dein Hund ein Verhalten länger ausführen oder durchhalten soll: Balancieren, bei den ersten längeren Fußphasen, beim ruhigen Warten oder bei gemeinsamen Tricks. Immer dann, wenn du möchtest, dass dein Hund nicht sofort aufgibt, sondern weitermacht.

Tipp

Überlege dir, welches Keep-Going-Signal ganz natürlich zu dir passt – vielleicht ertappst du dich ja schon dabei, deinem Hund beim Spiel oder beim Spaziergang immer wieder Worte oder Geräusche zuzuwenden. Nutze genau das, dann fühlt es sich für euch beide ganz selbstverständlich an.

Der Jackpot-Rückruf

Wir haben ja schon festgestellt, dass es beim Rückruf nicht immer nur um den Keks geht, sondern um das große Ganze – das Team, das gemeinsame Erlebnis, die ganze Stimmung.

1

2

Manchmal darf es aber ruhig ein wenig Extra-Glanz sein, um den Rückruf richtig aufzupimpen. Und jetzt kommt mein Trick aus der Praxiskiste: Ich nehme eine Tupperdose und packe da etwas hinein, das mein Hund sonst nie bekommt. Das kann ein Rest vom Nudelauflauf sein, ein saftiges Stück Steak, das überraschend übrig bleibt. Werde gerne kreativ und überlege, was für deinen Hund wirklich ein ganz besonderer Schatz ist. Diese Jackpot-Dose nehme ich mit auf den Spaziergang. Das Tolle daran ist, dass sie nicht jeden Tag zum Einsatz kommt. So bleibt sie etwas Besonderes. Wenn ich dann beim Spaziergang den Rückruf gebe und mein Hund kommt begeistert angerannt, öffne ich die Dose und mein Hund darf sich so richtig belohnen. Du kannst dir sicher vorstellen, wie schnell dein Hund beim nächsten Rückruf Feuer und Flamme ist. Und keine Sorge, das funktioniert auch nach Jahren noch wunderbar. Meine Hunde sind inzwischen stattliche zehn und zwölf Jahre alt, und trotzdem gibt es zwischendurch diesen Jackpot-Rückruf, und ihre Begeisterung lässt keinen Zweifel daran, dass sie sich diesen besonderen Moment immer wieder wünschen.

Probier es aus und beobachte, wie dein Rückruf gleich doppelt so viel Schwung bekommt. Manchmal ist das kleine Extra aus der Tupperdose das größte Highlight für euch beide.

3

1 Albert bekommt hier eine Portion Fleischwurst.

2 Da kommt er angeflitzt.

3 Und nun gibt es nicht nur ein Stück, sondern er darf die ganze Dose auffuttern.

Ylvie wird gerufen und dann macht Anja sich auf den Weg.

TYPISCHE FEHLERQUELLEN BEIM RÜCKRUFTRAINING

Auch beim Rückruf gibt es einige Stolpersteine, die dir und deinem Hund im Weg stehen können. Hier sind die häufigsten Fehlerquellen – vielleicht erkennst du dich und deinen Hund bei dem einen oder anderen Punkt wieder.

Kein strukturiertes und durchdachtes Training: Wenn du einfach mal „HIER“ rufst und mal „KOMM“, oder keine klare Übungsabfolge hast, weiß dein Hund nie so recht, was eigentlich von ihm erwartet wird.

Unterschiedliche Vorstellung von „Weite“: Mensch und Hund haben oft ganz verschiedene Vorstellungen davon, wie groß der Abstand sein darf. Du willst vielleicht, dass dein Hund bis auf paar Meter zu dir kommt, für deinen Hund sind jedoch 30 Meter völlig normal.

Welpe bleibt immer an der Leine: Gerade junge Hunde sollten früh lernen, ohne Leine unterwegs zu sein und zu dir zurückzukommen. Wer seinen Welpen immer an der Leine lässt, nimmt ihm diese wichtige Erfahrung.

Zu hohe Ablenkung und falsches Timing: Wenn du im vollen Hundepark rufst, bevor der Rückruf im Garten klappt, ist die Frustration vorprogrammiert. Auch das Timing ist entscheidend: Rufe deinen Hund am Anfang möglichst nur dann, wenn die Erfolgschancen sehr hoch sind – Denke an die „Direktüberweisung“!

Das Signal wird zu früh eingesetzt: Manche fangen an zu rufen, bevor das Verhalten wirklich zuverlässig aufgebaut ist. Gerade zu Beginn führt das eher zu Unsicherheit als zu echtem Lernen.

Nach dem Rückruf direkt anleinen: Wenn du deinen Hund jedes Mal nach dem Rückruf sofort anleinst, merkt er schnell: „Aha, Ruf = Spiel

Wenn der Hund dich „eingefangen" hat, kannst du ruhig mal ein tolles Tobespiel als Belohnung machen.

vorbei!" Das nimmt die Motivation.

Ein belangloses Signal: Ein Signal, das im Alltag häufig benutzt wird, verliert für den Hund an Bedeutung. Dein Rückruf sollte ein exklusives Wort oder Geräusch sein.

Rückruf als Vorbote für Unangenehmes: Wird er nach dem Rückruf gebadet oder gebürstet, bringt der Hund das Signal mit einer unangenehmen Konsequenz in Verbindung und kommt beim nächsten Mal vielleicht nicht mehr so gerne.

Einsatz von Strafen: Strafe nach dem Rückruf ist absolutes Gift! Der Hund soll dich immer mit etwas Positivem verbinden, sonst unterwanderst du sein Vertrauen.

Kommunikationsmissverständnisse: Deine Körpersprache, ein zu direktes Anstarren oder das unmittelbare „Einfangen" oder Streicheln kann für den Hund unangenehm sein und die Freude am Zurückkommen verderben.

Fehlende Motivation: Wenn sich das Kommen für deinen Hund nicht lohnt, warum sollte er „brav" sein? Achte immer darauf, die Belohnung individuell anzupassen.

Achte auf diese Punkte, dann wird das Rückruftraining für euch beide ein Erfolg und ihr profitiert langfristig von mehr Freiheit und Sicherheit im Alltag! Ein gutes Rückruftraining bedeutet Freiheit!

Danke

Als Erstes geht mein Dank an Katja vom Kosmos Verlag und an das gesamte Kosmos-Team. Danke, dass ihr an mich geglaubt habt und mir die Möglichkeit gegeben habt, dieses wundervolle Buch zu schreiben.
Danke an all die großartigen Hunde, die mich so viel gelehrt haben, mir immer wieder verziehen haben, wenn ich ungerecht war und mir eine Welt gezeigt haben, wie sie eben nur Hunde zeigen können.
Mein ganz besonderer Dank gilt natürlich meinen Kloppsis – sie sind immer an meiner Seite, urteilen nie, sprechen immer die richtige Sprache und sind meine allerbesten Lehrmeister.
Und natürlich danke ich euch: Euch, die ihr dieses Buch gekauft und mir damit euer Vertrauen geschenkt habt. Ohne euch gäbe es all das hier nicht.
Ein ganz herzliches Dankeschön geht an all die wunderbaren Mensch-Hund-Teams, die in diesem Buch zu sehen sind – ohne eure Unterstützung wären diese schönen und besonderen Bilder nie entstanden. Danke an Bettina mit Albert, an Anja und Nele mit Ylvie, an Ute mit Kalle, an Louis mit Shadow, an Nina mit Käthe, an Merle mit Maya und Henry, an Svenja mit Olaf, an Bienie mit Pitti, an Laura und Nico mit Holly, an Nicole mit Pete, an Gesa und Daniel mit Edda, danke an meine wunderbaren Kinder Kim und Chris mit meinen Kloppsis, danke an Torben, der meine Ideen in so lebendige Zeichnungen gebracht hat.
Last but not least geht mein Riesen-Dank an die liebe Anna Auerbach und Antje Peters – ohne euch, besonders ohne Antje, die als Foto-Feuerwehr einen großartigen Job gemacht hat, hätten wir hier keine so magischen, aussagekräftigen Bilder, die dieses Buch lebendig machen.
Ich danke euch allen von Herzen!

Claudia Pauliks

Adressen und Buchtipps

ZUM WEITERCLICKEN

www.claudia-pauliks.de
Ausbildung für tiergestützte Arbeit mit Hund.
www.claudia-pauliks.de/welpen-onlinekurs/
Angebote für Welpen- und Junghundetraining.
www.claudia-pauliks/hundeerziehung-leicht-gemacht-onlinekurs/
Der Onlinekurs zum Buch.
www.claudia-pauliks.de/podcast/
Spannende Themen rund um den Hund zum Anhören.
www.youtube.com/@ClaudiaPauliks
Schritt-für-Schritt-Anleitungen, Antworten auf deine Fragen und Tipps, wie du deinen Hund auslasten kannst.

Claudia Pauliks mit Kasper, Teufelchen und Nala.

ZUM WEITERLESEN

Nora Brede / Ute Heberer: Problem Hund. Vom Umgang mit herausfordernden Hunden. Kosmos 2025

Maren Grote: Hunde lesen lernen. Hundeverhalten praxisnah erklärt. Verhalten verstehen und richtig steuern. Kosmos 2022

Kate Kitchenham: Die 10 Kompetenzen für Hunde. Bindung, Intelligenz und Gelassenheit fördern – spielerisch zum klugen Hund. Kosmos 2023

Ursula Löckenhoff / Simone Sombecki: Tierschutzhund Lieblingshund. Einschätzen, eingewöhnen, erziehen – Vom ersten Kennenlernen bis zur engen Bindung. Kosmos 2025

Christel Löffler: Charaktertypen. Persönlichkeitsanalyse von Mensch und Hund; Für ein besseres Verständnis und Training. Kosmos 2025

Alexandra Nadig: Heilpflanzen für Hunde. Wirkungsweise, Rezepturen und Anwendung. Kosmos 2018

Dr. med. vet. Christian und Christine Nees: Die Hunde-Sprechstunde. Krankheiten erkennen und gezielt behandeln. Extra: Mit Tipps zur Selbsthilfe. Das große Nachschlagewerk für Hundehalter. Kosmos 2025

BILDNACHWEIS

205 Fotos erstellte Anna Auerbach/Kosmos für dieses Buch. Weitere Fotos von Claudia Pauliks/privat (S. 8, 9) und Antje Peters (S. 19, 30, 43, 91, 107 mitte und unten, 118, 119, 122-127, 155, 158, 159, 190, 191, 193-196).

Mit 3 Illustrationen von Torben Ziemer.

IMPRESSUM

Umschlaggestaltung von GRAMISCI Editorialdesign, Stefanie Wawer, Münster, unter Verwendung von Fotos von Anna Auerbach/Kosmos.

Mit 267 Farbfotos und 3 Zeichnungen.

Alle Angaben und Methoden in diesem Buch sind sorgfältig erwogen und geprüft. Sorgfalt bei der Umsetzung ist jedoch geboten. Verlag und Autorin übernehmen keinerlei Haftung für Personen-, Sach- oder Vermögensschäden, die im Zusammenhang mit der Anwendung und Umsetzung entstehen könnten.

Gedruckt auf chlorfrei gebleichtem Papier

ISBN 978-3-440-18166-9
Redaktion: Katja Pauls
Gestaltungskonzept: GRAMISCI Editorialdesign / Cornelia Sekulin
Gestaltung und Satz: Atelier Krohmer, Dettingen/Erms
Produktion: Angela List
Druck und Bindung: Westermann Druck Zwickau GmbH, Zwickau
Printed in Germany / Imprimé en Allemagne

FSC®
www.fsc.org
MIX
Papier | Fördert gute Waldnutzung
FSC® C110508